清华开发者书库

Design of Quad-rotor Unmanned Aerial Vehicles, Second Edition

四旋翼无人飞行器设计

（第2版）

冯新宇　范红刚　辛亮　编著

Feng Xinyu　　Fan Honggang　　Xin Liang

清华大学出版社

北京

内 容 简 介

本书以四旋翼无人飞行器为例,主控制器采用STM32系列微处理器,从设计方案论证到器件选型等过程,对四旋翼飞行器设计进行了透彻细致的讲解,并介绍了四旋翼飞行器图像采集处理,详细地阐述了图像处理的过程。另外,采用μC/OS-Ⅲ系统重新梳理了代码,使得飞行器控制更加稳定。读者可以根据书中给出的电路和代码自行设计。

本书可作为电子、通信及控制等相关专业学生的参考书,也可作为相关技术人员的技术参考书。

图书在版编目(CIP)数据

四旋翼无人飞行器设计/冯新宇,范红刚,辛亮编著. —2 版. —北京:清华大学出版社,2020.1(2023.7重印)
(清华开发者书库)
ISBN 978-7-302-53889-9

Ⅰ. ①四… Ⅱ. ①冯… ②范… ③辛… Ⅲ. ①无人驾驶飞行器-设计 Ⅳ. ①V47

中国版本图书馆 CIP 数据核字(2019)第 214170 号

策划编辑:盛东亮
责任编辑:钟志芳
封面设计:李召霞
责任校对:时翠兰
责任印制:杨 艳

出版发行:清华大学出版社
　　　　　网　　　址:http://www.tup.com.cn,http://www.wqbook.com
　　　　　地　　　址:北京清华大学学研大厦 A 座　　　　　　邮　　编:100084
　　　　　社 总 机:010-83470000　　　　　　　　　　　　邮　　购:010-62786544
　　　　　投稿与读者服务:010-62776969,c-service@tup.tsinghua.edu.cn
　　　　　质量反馈:010-62772015,zhiliang@tup.tsinghua.edu.cn
　　　　　课件下载:http://www.tup.com.cn,010-83470236
印 装 者:北京鑫海金澳胶印有限公司
经　　销:全国新华书店
开　　本:186mm×240mm　　　　印　张:10.5　　　　字　数:235 千字
版　　次:2017 年 6 月第 1 版　2020 年 3 月第 2 版　　　印　次:2023 年 7 月第 3 次印刷
印　　数:3101～3600
定　　价:59.00 元

产品编号:080461-01

推荐序

FOREWORD

欣闻学生新宇的新作《四旋翼无人飞行器设计》(第2版)即将出版,我感到非常高兴。新宇一直从事嵌入式系统的教学与实验工作。这本书是他工作经验积累的最终成果体现。衷心地祝福他,也希望他再接再厉,取得更多的成果,并总结分享给广大读者。

嵌入式系统已经深入人们生活的各个方面,因此,对嵌入式工程师的需求量越来越大,这推动了嵌入式系统人才高效快速培养方式的发展。《四旋翼无人飞行器设计》(第2版)首先论述四旋翼无人飞行器的原理及采用的算法,从四旋翼无人飞行器的基本原理出发,定义了四旋翼无人飞行器的整体架构,介绍了四旋翼无人飞行器常用飞行控制方法及飞行器中传感器的工作原理与姿态解算方法;然后论述四旋翼无人飞行器嵌入式飞控系统电路和遥控器电路设计,采用模块化的方式介绍了构成四旋翼无人飞行器的嵌入式飞控系统电路的各个模块,如核心主控模块、姿态传感模块、无线通信模块、定高模块等,该部分从核心主控模块开始,一步步逐渐扩展,最后构成了完整的四旋翼无人飞行器嵌入式飞控系统电路和遥控器电路;最后论述四旋翼无人飞行器嵌入式飞控系统和遥控器电路的软件设计,包括主控软件、姿态解算软件、气压计软件、摄像头控制软件、无线通信软件等。书中对软件/硬件设计给出了详细的说明,便于读者理解和使用,按照书中的说明,读者完全可以实现该四旋翼无人飞行器,同时也可在此基础上进行二次开发,通过增加硬件模块和相应的软件,实现新的功能。

《四旋翼无人飞行器设计》(第2版)以四旋翼无人飞行器为例,从系统结构、软件设计、硬件设计三方面,通过模块化的方式实现了一个完整的嵌入式系统,非常适合嵌入式系统爱好者和本科生、研究生学习使用,相信通过本书的学习,读者一定能很快提高对嵌入式系统的认识及实际的动手能力。

王进祥

哈尔滨工业大学微电子中心教授、博士生导师

第2版前言

PREFACE

本书自 2017 年出版以来，已经有近 1500 人进入本书服务 QQ 群，参与互动学习。2015 年的全国电子设计大赛过后，我们把参加比赛制作的过程做了一个记录，形成了本书的第 1 版。由于时间仓促，第 1 版中图像处理部分写得较为模糊，读者在学习过程中也反映这部分内容还需要细化，使之更加通俗易懂。结合目前成熟的图像处理算法，我们融合形成适合四旋翼飞行控制图像采集处理的一系列算法，重新整理一章"四旋翼飞行器图像采集处理专题"作为补充。这部分内容从滤波算法、边沿提取、二值化、图像细化等方面循序渐进地讨论了每个处理步骤的必要性，供广大读者探讨学习。

在实际的调试过程中，采用 μC/OS-Ⅲ 系统，要优于无操作系统的控制。本书第 2 版代码采用 μC/OS-Ⅲ 操作系统，重新优化了代码。实时操作系统内容涉及较广，本书第 2 版仅采用一个小节的篇幅进行了简单的说明，而更详细的内容还需要读者查看相关的资料，望广大读者谅解。

另外还需说明一点，该硬件作品的所有硬件采用的都是现有的硬件模块，在网上都能购买，按电路图正确连接即可。四旋翼飞行器对质量、机械结构的要求都较高，所以程序在使用过程中，重要的参数需要反复调整，读者在学习过程中需要一个个调试硬件模块，按飞行器整体调试步骤，在安全情况下进行调试，切不可将飞行器直接组装完成后上电飞行。四旋翼飞行器入门的过程较难，本书不适合没有基础的学生学习，对于大二、大三的学生，需要自学电路、C 语言、STM32 控制器等知识，因为这些基础知识本书都一带而过。

本书第 2 版写作分工如下：第 1 章由范红刚编写，第 2 章～第 4 章由冯新宇编写，第 5 章和附录 A 由辛亮编写。参与本书编写的还有刘付刚、蒋洪波、周昱江。

在第 2 版修订过程中得到了广大读者的支持，很多读者给出了中肯的建议，本书配有软件、电路、PPT 等电子素材，相关资料可扫描右方二维码下载。同时这本书的很多资料来源于一些知名网络论坛和优秀的参考书籍，没有这些作者，我们很难在短时间内完成本书，在此一并感谢！

配书资源

作　者

2019 年 10 月

第1版前言

PREFACE

无人直升机(旋转翼无人机)从 20 世纪 50 年代出现至今,它的发展较为缓慢,但是,随着相关技术的发展和应用,无人机飞行器领域迎来了革命性的巨变,其中无人直升机的研究和发展也迎来了一个全新的时代。无人直升机的功能越来越全面,体积越来越小,在军事领域和民用领域共同发展。

我们在 2015 年的全国电子设计大赛中选择了飞控类的题目,把我们参加比赛制作的过程做一个记录,这是本书的写作初衷。赛后,我们增加一些功能,制作 PCB 的全部设计,使四旋翼飞行器飞控相对稳定,又结合实验室的一些项目,把上位机等相关的内容也添加进来,现斗胆把自己的一些心得写成一本书和大家分享。

本书是按照无人机制作顺序来写的,与其他众多图书最大的不同是:上位机软件设计和操作手柄设计没有使用现有的成品。这么做是为了达到提高学生动手实践能力的目的,特别是针对电子类相关专业的本科生。如果学生能照着本书指导做一个,调试出来,就能学到很多知识。例如,利用 LabVIEW 学习上位机软件设计,对于非计算机专业的学生还是挺实用的。

书中核心设计的内容应该是姿态数据的获取和处理,采用了 DMP 实现解算。笔者编写的代码会发布在 QQ 群内和广大的程序爱好者一起研究和完善。互联网有很多优秀开源的代码,读者只要认真地熟读一个完整代码,其他的问题就会迎刃而解。入门的过程较难,特别是对于大学二年级与三年级的学生,需要自学的东西较多。

本书的很多资料都来源于一些知名网络论坛和优秀的参考书,对这些作者在此一并感谢!感谢黑龙江科技学院电子技术实验室支持我的同学和同事。

由于时间仓促,书中难免存在不足之处,欢迎读者批评指正。

编　者

2017 年 4 月

目 录
CONTENTS

第 1 章

简　　介

1.1　四旋翼飞行器发展历史

无人机是一种通过无线电遥控设备或自备程序算法自行控制的不载人飞行器。早在 20 世纪初,无人机就在多次局部战争中展现其无与伦比的优越性,并且为美国、以色列等国在战争中取得胜利起了重要作用。近三十年,随着微电子、通信、材料及推进系统等技术的迅猛发展,无人飞行器不仅外形上更加独特新颖,而且性能和功能上更加先进。最初通过地面摇杆控制飞行器,后来用人眼控制飞行器,近些年又开始用人脑控制飞行器。由于无人机在作战中的优异表现,并且具有先天零伤亡的优势,因此,各国在军事研究上都将其置于优先发展的地位,国际上也掀起了研究的热潮,其中以美国和以色列位居榜首。

在无人机迅猛发展的同时,能够垂直起降的无人机备受关注,其中发展最快、研究最多的是四旋翼飞行器。它具有其他固定翼无人机无可匹敌的优越性,不仅能够执行各种非杀伤性任务,而且能执行如侦察、目标截获、监视、通信中断等各种具有软硬杀伤性的任务。其结构与普通的单旋翼无人机设计不同,飞行器只能通过改变两对螺旋桨的转速来实现各种姿态的变化,通过四个螺旋桨的升力来实现各种飞行轨迹的控制。与传统的无人机比较,四旋翼飞行器具有如下明显的优势:

- 体积小、重量轻,并且可以灵活地垂直起降;
- 易于控制,具有很好的机动性,并且能够快速地进行姿态控制;
- 结构简单、造价低廉,并且适用于一些比较危险的场合。

四旋翼飞行器具有相互交叉的两对旋翼,通过控制旋翼的转向和转速,可抵消每对螺旋桨产生的反桨扭矩。此外还可以通过调节两对旋翼的转速改变其扭矩大小和升力,实现对飞行器姿态的控制,而不需要调节繁杂的机械装置,从而减轻了飞行器重量、减少了飞行器的体积、提高了其负载能力。

20 世纪初就有学者对四旋翼飞行器进行了研究。近几年,传感器、处理器及能源供给等相关技术的发展,新型飞行控制理论的出现,为解决四旋翼飞行器的各种疑难问题提供了极大的帮助。早期的飞行器如图 1-1 和图 1-2 所示。

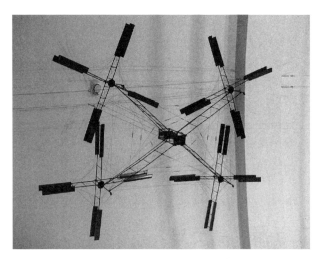

图 1-1　Louis Breguet(1907 年)

图 1-2　George de Bothezat（1922 年 12 月）

Curtiss-Wright VZ-7 是垂直起降飞机，是 Curtiss-Wright 公司专为美国陆军设计的，如图 1-3 所示，VZ-7 通过改变 4 个螺旋桨的推力实现控制。

图 1-3　Curtiss-Wright VZ-7(1958 年)

1.2 四旋翼飞行器的研究现状

在过去的几十年里,小型无人机已经应用于许多领域。四旋翼飞行器研究的主要热点是如何提高机动性和悬停能力。四旋翼飞行器的四转子设计使得飞行器设计相对简单、可靠和易操作。目前四旋翼飞行器的研究热点在多机通信、环境探索及可操作性,如果把这些特性融合在一起,它可以完成目前其他车辆所不可能完成的很多任务。目前正在研发的有:

- 贝尔波音四倾转旋翼机,提出对 C-130 大型军用运输机采用固定直升机概念和倾斜转子概念进一步结合;
- Aermatica Spa Anteos,它是第一个旋转翼遥控飞机,可在获得官方许可的民用空域飞行,由意大利民航局设计制造,并首次工作在非隔离空域;
- Aeroquad 和 Arducopter,基于 Arduino 的四旋翼飞行器 DIY(Do It Yourself,自己动手做),建设开源硬件和软件项目;
- Parrot AR.Drone,它是一款带有摄像机无线控制的四旋翼飞行器,可以通过智能电话和平板设备进行操控,如图 1-4 所示;
- Nixie,它是一款带小相机配备的飞行器,可以作为一种穿戴设备,如图 1-5 所示。

图 1-4 Parrot AR.Drone 飞行器

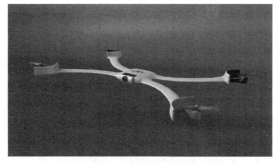

图 1-5 Nixie 飞行器

1.3 四旋翼飞行器的主要应用

因为四旋翼飞行器体积小、重量轻、携带方便,能轻易进入人不易进入的各种恶劣环境,因此该飞行器常用来制作模型,也用来执行航拍电影取景、实时监控、地形勘探等飞行任务。目前,四旋翼飞行器主要应用在以下几个方面。

- 研发平台:四旋翼飞行器是大学研究人员测试和评估多个不同领域新思路的一个有用工具,包括飞行控制、导航、实时系统和机器人。近年来,许多高校已经让四旋翼飞行器从事越来越复杂的空中演习。成群的四旋翼飞行器可以悬停在空中,自主执行复杂的飞行程序,如翻转。
- 军事和执法:四旋翼无人机用于军事侦察和执法机构侦察,以及在城市环境中的搜索和救援任务。由加拿大 Aeryon Labs 公司研发的小型无人机 Scout,可以静静地在原地徘徊,并用相机观察地面上的人和物。用户可在超过视线范围内 3km 操作 Scout,在距地面 100～150m 时,其飞行速度达 50km/h,续航 25min。它被允许飞行在恶劣天气条件下,所有通信都采用数字加密,从而降低了劫持和视频截取的风险,如图 1-6 所示。

图 1-6　Scout 飞行器

- 商业应用:无人机商业应用最成功的是大疆公司,它约占世界民用无人机市场份额的 70%,以及全球小型无人机市场份额的 50%。大疆公司逐步把目光从无人机本身的平台移向建立在飞行器平台上的增值应用,未来的市场空间对于这家新兴公司来说仍然是个未知数。大疆无人机如图 1-7 所示。在美国使用四旋翼飞行器最大的领域是航空影像。四旋翼无人机为航拍节约了大量成本。

图 1-7　大疆无人机

第2章

四旋翼飞行器的控制原理

2.1 四旋翼飞行器的结构

如图 2-1 所示,四旋翼飞行器一般是由 4 个可以独立控制转速的外转子直流无刷电机驱动的螺旋桨提供全部动力的飞行运动装置,4 个固定迎角的螺旋桨分别安装在两个十字相交的刚性碳素杆两端。

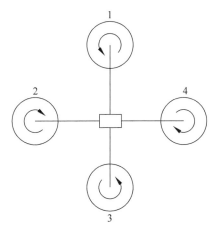

图 2-1   四旋翼飞行器结构示意图

对于绝大多数四旋翼飞行器来讲,飞行器的结构是两根碳素杆的交点对称,并且两个相邻的螺旋桨旋转方向相反。正是由于这种独特结构,使四旋翼飞行器抵消了飞机的陀螺效应,更方便建模。与传统的单旋翼飞行器,特别是直升机相比,四旋翼飞行器没有尾桨,这使之拥有更高的能量利用率。

另外,四旋翼飞行器四个旋翼的转速比直升机的螺旋桨转速明显低很多,因此,它可以近距离地靠近目标物体,适合室内飞行和近地面飞行。

2.2　四旋翼飞行器的运动控制方法

四旋翼飞行器系统共有 4 个输入,分别为一个上升力和三个方向的转矩。但是飞行器在空间中却有 6 个自由度的输出坐标,可以进行三个坐标轴方向的平动运动和围绕三个坐标轴方向的转动运动。

如果沿着任意给定方向的独立运动,飞行器没有给予足够多的运动驱动,那么该飞行器就是欠驱动的。可见,四旋翼飞行器是欠驱动和动力不稳定的系统。因此,针对该系统实现全部的运动控制目标,必然存在旋转力矩与平移系统的耦合。传统的纵列式直升机为了平衡反扭矩,须借助尾桨来实现。

四旋翼飞行器采用了 4 个旋翼的机械结构,4 个电机作为飞行的直接动力源,通过改变 4 个螺旋桨的转速,进而改变螺旋桨产生的升力来控制飞行器姿态和运动。这种设计理念使飞行器结构和动力学特性得到了很大简化。

四旋翼的前桨 1 和后桨 3 逆时针旋转,左右 2、4 两桨顺时针旋转,这种反向对称结构代替了传统直升机尾旋翼。在飞行过程中,如图 2-2 所示,改变 4 个旋翼螺旋桨的转速,可使四旋翼产生各种飞行姿态,也可使四旋翼飞行器向预定方向运动,完成任务。

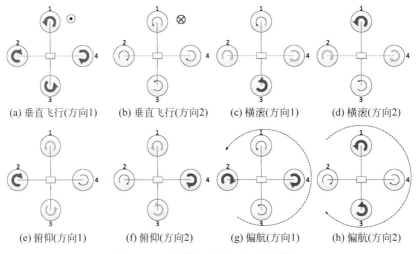

(a) 垂直飞行(方向1)　　(b) 垂直飞行(方向2)　　(c) 横滚(方向1)　　(d) 横滚(方向2)

(e) 俯仰(方向1)　　(f) 俯仰(方向2)　　(g) 偏航(方向1)　　(h) 偏航(方向2)

图 2-2　四旋翼飞行器飞行运动原理

根据四旋翼飞行器的运动方式的特点将其飞行控制划分为 4 种基本的飞行控制方式:

- 垂直飞行控制;
- 横滚控制;
- 俯仰控制;
- 偏航控制。

下面分别对以上 4 种飞行控制方式进行阐述。

　　垂直飞行控制如图 2-3 所示,主要是控制飞机的爬升、下降和悬停。图中弧线箭头方向表示螺旋桨旋转的方向。

　　当四旋翼处于水平位置时,在垂直方向上,惯性坐标系同机体坐标系重合。同时增加或减小 4 个旋翼的螺旋桨转速,4 个旋翼产生的升力使得机体上升或下降,从而实现爬升和下降。悬停时,保持 4 个旋翼的螺旋桨转速相等,并且保证产生的合推力与重力相平衡,使四旋翼在某一高度处于相对静止状态,各姿态角为零。垂直飞行控制的关键是要稳定 4 个旋翼的螺旋桨转速,使其变化一致。

　　横滚控制如图 2-4 所示。通过增加左边旋翼螺旋桨转速,使拉力增大,相应减小右边旋翼螺旋桨转速,使拉力减小,同时保持其他两个旋翼螺旋桨转速不变。这样由于存在拉力差,机身会产生侧向倾斜,从而使旋翼拉力产生水平分量,使机体向右运动。当 $\Delta_2 = \Delta_4$ 时,可控制四旋翼飞行器作侧向平飞运动。

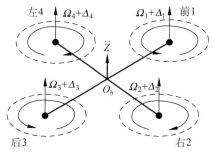
图 2-3　垂直飞行控制示意图

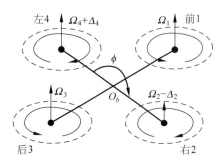
图 2-4　横滚运动控制示意图

　　俯仰控制如图 2-5 所示,与横滚控制相似,在保持左右两个旋翼螺旋桨转速不变的情况下,减少前面旋翼螺旋桨的转速,并相应增加后面旋翼螺旋桨的转速,使得前后两个旋翼存在拉力差,从而引起机身的前后倾斜,使旋翼拉力产生与横滚控制中水平方向正交的水平分量,使机体向前运动。类似地,当 $\Delta_1 = \Delta_3$ 时,可控制四旋翼飞行器作纵向平飞运动。

　　偏航控制如图 2-6 所示。四旋翼飞行器为了克服反扭矩影响,4 个旋翼螺旋桨中的两个顺时针转,两个逆时针转,且对角线上的两个旋翼螺旋桨转动方向相同。

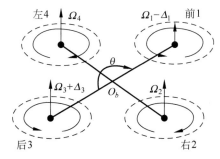
图 2-5　俯仰运动控制示意图

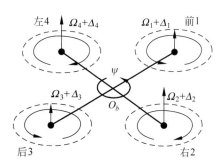
图 2-6　偏航控制示意图

　　反扭矩的大小与旋翼螺旋桨转速有关,当 4 个旋翼螺旋桨转速不完全相同时,不平衡的反扭矩会引起机体转动。根据上面的原理,可以设计四旋翼飞行器的偏航控制,即同时提升一对同方向旋转的旋翼螺旋桨转速并降低另一对相反方向旋转的旋翼螺旋桨转速,保证转速增加的旋翼螺旋桨转动方向与四旋翼飞行器机身的转动方向相反。

2.3　四旋翼飞行器各部分的工作原理

2.3.1　飞行姿态与升力关系

　　为便于进行四旋翼飞行器运动分析,建立刚体三轴坐标系,将四旋翼飞行器置于刚体坐标系其中如图 2-7 所示,飞行器运动过程中飞行姿态与各螺旋桨所产生升力之间的关系借助此坐标轴进行分析。

　　1. 飞行器绕 y 轴旋转 α 角度与升力之间的关系

　　如图 2-8 所示,飞行器与 y 轴之间夹角 α。主要通过左右螺旋桨产生升力差控制,其控制关系为

$$\sum M = I_x \ddot{\alpha} \qquad (2\text{-}1)$$

式中：M——力矩；

　　　I_x——转动惯量；

　　　$\ddot{\alpha}$——飞行器与 y 轴夹角二阶导数,即角加速度。

$$l_x(F_{右} - F_{左}) = I_x \ddot{\alpha} \qquad (2\text{-}2)$$

式中：l_x——螺旋桨与飞行器中心轴距；

　　　$F_{右}$——右侧螺旋桨旋转产生升力；

　　　$F_{左}$——左侧螺旋桨旋转产生升力。

$$\ddot{\alpha} = \frac{l_x(F_{右} - F_{左})}{I_x} \qquad (2\text{-}3)$$

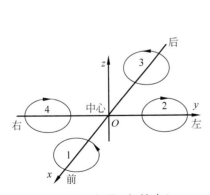

图 2-7　飞行器坐标轴建立

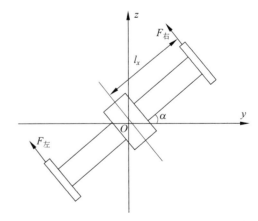

图 2-8　飞行器绕 y 轴的角度 α 与 $F_{左}$、$F_{右}$ 的关系

2. 飞行器绕 x 轴旋转 β 角度与升力之间的关系

如图 2-9 所示,飞行器与 x 轴夹角 β 主要通过前后两个螺旋桨所产生升力差值进行控制,其控制关系为

$$\sum M = I_y \ddot{\beta} \tag{2-4}$$

$$l_y (F_{前} - F_{后}) = I_y \ddot{\beta} \tag{2-5}$$

$$\ddot{\beta} = \frac{l_y (F_{前} - F_{后})}{I_y} \tag{2-6}$$

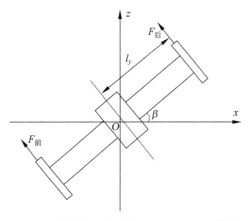

图 2-9　飞行器绕 x 轴的角度 β 与 $F_{前}$、$F_{后}$ 的关系

3. 飞行器绕 z 轴旋转 γ 角度与升力之间的关系

如图 2-10 所示,飞行器绕 z 轴旋转 γ 角度,使螺旋桨产生扭矩及升力与旋转角度之间的关系为

$$\sum M = I_z \ddot{\gamma} \tag{2-7}$$

$$M_{右} + M_{左} - M_{前} - M_{后} = I_z \ddot{\gamma} \tag{2-8}$$

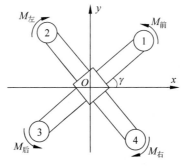

图 2-10　飞行器绕 z 轴旋转角度 γ 与 $M_{前}$、$M_{后}$、$M_{左}$、$M_{右}$ 之间的关系

$$\ddot{\gamma} = \frac{M_右 + M_左 - M_前 - M_后}{I_z} \qquad (2\text{-}9)$$

由于螺旋桨所产生的升力和力矩之间存在关系 $M = cF$，所以式(2-9)可以表示为 γ 与升力之间的关系，即

$$\ddot{\gamma} = \frac{c_右 F_右 + c_左 F_左 - c_前 F_前 - c_后 F_后}{I_z} \qquad (2\text{-}10)$$

假定各个螺旋桨性能参数一致，则可以认为 $c_前 = c_后 = c_左 = c_右 = c$，式(2-10)可以简化为

$$\ddot{\gamma} = \frac{c(F_左 + F_右 - F_前 - F_后)}{I_z} \qquad (2\text{-}11)$$

4. 飞行器飞行速度与螺旋桨升力之间的关系

根据牛顿第二定律，有

$$\sum F = \ddot{z} m_l \qquad (2\text{-}12)$$

$$F_前 + F_后 + F_左 + F_右 - m_l g = \ddot{z} m_l \qquad (2\text{-}13)$$

$$\ddot{z} = \frac{F_前 + F_后 + F_左 + F_右 - m_l g}{m_l} \qquad (2\text{-}14)$$

2.3.2 飞行姿态的测量

飞行姿态是一个真实飞行物体与参考坐标系之间的角度关系。如 2.3.1 节中分析使用到的 α、β、γ 角，这三个角度也称为欧拉角，对应 Pitch、Yaw、Roll。常用姿态测量传感器有加速度传感器、角速度传感器、磁力传感器、气压传感器、超声波及 GPS 等。若需要获取比较精确姿态定位数据，则需要融合计算上述多个传感器测量数据。对于嵌入式平台应用，多种传感器数据融合计算对微处理器的运算能力要求较高。选择与实际开发平台相符合的姿态传感器尤为重要，本设计采用加速度与角速度测量飞行器姿态，两者测量数据互补融合计算姿态角，可以满足飞行姿态稳定性要求。

2.3.3 加速度传感器工作原理及角度测量

加速度传感器是测量由物体重力加速度引起的加速度量。物理静止或运动过程中，受重力作用，会产生物体相对于三个坐标轴方向上的重力分量，通过对重力分量进行量化，运用三角函数可计算出物体相对于三个坐标轴的倾角。

图 2-11 所示为加速度传感器测量时重力惯性矢量的三轴分量 R_x、R_y、R_z。利用三角函数即可求出重力加速度与三个坐标轴夹角 α、β、γ。

$$\alpha = \arccos\frac{R_y}{R} \qquad (2\text{-}15)$$

$$\beta = \arccos\frac{R_x}{R} \qquad (2\text{-}16)$$

$$\gamma = \arccos\frac{R_z}{R} \qquad (2\text{-}17)$$

$$R = \sqrt{R_x^2 + R_y^2 + R_z^2} \tag{2-18}$$

式中：α——重力矢量与 y 轴夹角；

$\quad\quad\beta$——重力矢量与 x 轴夹角；

$\quad\quad\gamma$——重力矢量与 z 轴夹角；

$\quad\quad R_x$——加速度计测量重力加速度 x 轴分量；

$\quad\quad R_y$——加速度计测量重力加速度 y 轴分量；

$\quad\quad R_z$——加速度计测量重力加速度 z 轴分量；

$\quad\quad \boldsymbol{R}$——重力矢量。

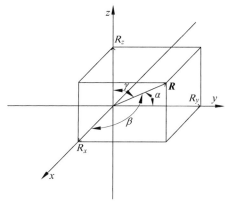

图 2-11 加速度测量

2.3.4 陀螺仪传感器工作原理及角度测量

角速度传感器(陀螺仪)用来测量一段时间内角度变化速率。对两次测量时间差值进行积分可得到角度增量值。增量值可正可负,正值表示向角度增大方向旋转,负值表示向原角度减小反方向旋转,积分后与测量前初始角度求和可计算出当前角度。

$$\theta = \theta_0 + \int_0^t \omega \, dt \tag{2-19}$$

式中：θ——旋转角度值；

$\quad\quad\theta_0$——上一次旋转角度值；

$\quad\quad\omega$——角速度测量值；

$\quad\quad t$——测量间隔时间。

实际使用中,需要得到更加精确的角速度值,可以使角速度测量值 ω 取前一次测量值与后一次测量值进行求平均,且两次测量时间应尽量短。但是角速度测量值在多次积分之后会引入很大的误差：一部分为积分时间间隔误差；另一部分为陀螺仪本身存在的误差(漂移)。为尽量减小误差,可采取两个措施,即减小测量时间间隔和一段时间间隔内重新校准陀螺仪。

2.3.5　磁力计传感器工作原理及测量方法

地球的磁场就像一个偶极子,地球的南北极为这个偶极子的两极。在地球极地处,地球磁场的磁场强度为 0.6 高斯,赤道处的磁场强度为 0.3 高斯。

但是,偶极子只是对地球磁场的简单比喻。对于地球磁场来说,国际参考磁场是一个更加准确的模型。此模型中包含一系列球谐条款,根据球谐条款对应一个系数,利用这个系数可以计算出当地的磁场强度,由于地球磁场随着时间发生漂移,所以这些系数每 5 年被国际地磁与高空物理学协会更新一次。

一些情况下地球磁场会发生变化,日常由于太阳辐射产生的电离层会导致地球磁场发生 0.0001～0.001 高斯的变化。每个月发生的几次太阳耀斑磁暴可产生高达 0.01 高斯强度的磁场变化。这些因素在一定程度上使地球磁场的强度和方向发生变化。

目前用来测量地球磁场的磁力计主要有三种:

磁通门式:磁通门式磁力计在 1928 年问世,一直沿用至今。磁通门式磁力计基于磁饱和法,利用被测磁场中磁芯在交变磁场饱和励磁下其磁感应强度与磁场强度的非线性关系来测量弱磁场的一种方法。这些设备往往是笨重的,而且不耐用,作为较小的集成传感器,响应时间慢。

霍尔效应式:霍尔效应磁力计的工作原理为通过感测附近的交变磁场而产生输出电压的传感器。这种磁力计的设计简单,价格低廉,适用于对强磁的测量,但由于灵敏度低,噪声大而不适用于测量地磁场。

磁阻式:利用磁阻效应的传感器利用电阻组成惠斯登电桥测量磁场。磁阻式传感器的灵敏度高、体积小、响应时间快。

磁力计作为测试磁场密度的传感器,广泛应用于科研和工程等领域。在导航领域中,磁力计用于求取载体姿态中航向角的估计,航向角为磁力计用测量信息在水平方向上的分量求得。三轴磁力计在地球磁场坐标系下的测量值为

$$\boldsymbol{h}^b = \begin{bmatrix} \boldsymbol{h}_x^b & \boldsymbol{h}_y^b & \boldsymbol{h}_z^b \end{bmatrix}^{\mathrm{T}}$$

其中,上标 b 表示了 $\boldsymbol{h}$ 为地球磁场坐标系下的向量,下标 x,y,z 表示三轴磁力计各轴的分量。当磁力计水平放置水平面上时,可以利用向量 $\boldsymbol{h}$ 在水平方向上的两个分量航向 $\boldsymbol{h}_x$ 和 $\boldsymbol{h}_y$ 求出磁力计坐标系 x 与地球磁场北极的夹角,即航向角推导公式为

$$\psi = \arctan\left(\frac{\boldsymbol{h}_y^b}{\boldsymbol{h}_x^b}\right) \tag{2-20}$$

单独地使用磁力计测量航向角时,由于磁力计非水平放置,导致磁力计产生倾斜角误差,因此磁力计常与加速度计一起组成电子罗盘。当磁力计与惯性传感器组合使用进行姿态测试时,磁力计用来估算运动目标的航向角,用以校正陀螺仪漂移误差。当外界磁场发生突变时,磁力计对载体的航向角估算值失真。

2.4　姿态解算方法

2.4.1　互补滤波算法

互补滤波器作为一种频域特性滤波器,常用于融合来自不同传感器测量得到的数据。一般地,互补滤波器包含至少两种频率特性互补的输入信号。例如,对于陀螺仪和加速度计解算姿态这一双输入系统,两个输入量都能分别对姿态角进行解算,其中加速度计输入量包含高频噪声,应通过低通滤波器来滤除;陀螺仪则包含低频噪声(积分漂移),应采用高频滤波器滤除。两者的频率特性互补,可用互补滤波思想进行姿态解算,最终输出较准确信号,其工作原理如图 2-12 所示。

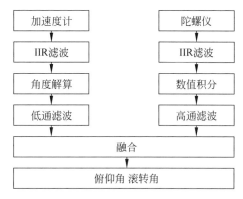

图 2-12　互补滤波姿态融合原理

设运用加速度计和陀螺仪分别解算出的飞行器姿态角 x 的值为

$$\begin{cases} x_1 = x + u_1 \\ x_2 = x + u_2 \end{cases} \tag{2-21}$$

其中,u_1、u_2 分别为加速度计高频噪声和陀螺仪低频噪声。

取互补滤波器由低通滤波器 $F_L(s) = \dfrac{1}{f_s + 1}$ 和高通滤波器 $F_H(s) = \dfrac{f_s}{f_s + 1}$ 两部分构成,f 为滤波器常数,有

$$F_L(s) + F_H(s) = 1 \tag{2-22}$$

则姿态角 x 的估计值 $\hat{X}$ 可表示为

$$\hat{X}(s) = F_L(s)X_1(s) + F_H(s)X_2(s) = X(s) + F_L U_1(s) + F_H U_2(s) \tag{2-23}$$

式(2-23)对应差分方程表达式为

$$\hat{X}(k) = (1 - f)\left[\hat{X}(k-1) + X_2(k) - X_2(k-1)\right] + fX_1(k) \tag{2-24}$$

式中：$X_2(k)$——k 时刻陀螺仪角速度积分值;

　　　　$X_1(k)$——加速度计解算的角度值。

相对于单传感器方案,互补滤波可以避免加速度计精度和动态性能不足的问题,也能避免陀螺仪的漂移误差。由式(2-24)可见互补滤波器的结构简单、计算量小,其编程思想可以描述为

$$\text{angle} = (1 - A) \times (\text{angle\_last} + \text{gyro} \times \text{d}t) + A \times \text{acc} \tag{2-25}$$

式中：angle——当前融合而成的姿态角;

angle_last——上一次姿态角融合结果值;

gyro——当前陀螺仪测量的角速度;

dt——积分时间;

acc——加速度计解算出的姿态角。

滤波器系数为 A,一般取 $A < 0.1$,表示每次解算结果中陀螺仪积分角度所占比例较大,加速度计解算角度占比例较小,这也就相当于对陀螺仪信号高通滤波而对加速度计信号低通滤波。由此可以看出,虽然加速度计信号在每次姿态解算中所占权值较小,但随着运行时间的增加,加速度计信号实际上是在不断对陀螺仪积分进行缓慢的矫正,从而减小因陀螺仪积分时间增加而引起的漂移误差。

图 2-13 是取互补滤波器系数 $A = 0.02$ 时对四旋翼飞行器俯仰角进行姿态解算的结果。

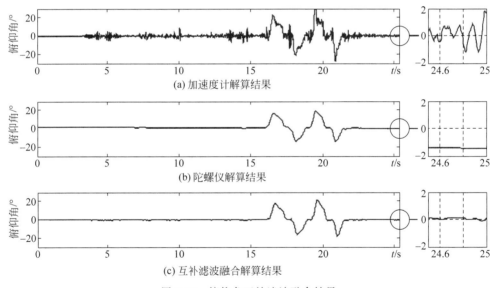

(a) 加速度计解算结果

(b) 陀螺仪解算结果

(c) 互补滤波融合解算结果

图 2-13　俯仰角互补滤波融合结果

从图 2-13(a)中可以看出,只用加速度计进行姿态结算虽然没有静态误差,但其波形是含有一定的噪声,尤其是在图中 15~20s 时,由于飞行器姿态改变,其外力加速度将使解算角度波动较大。

图 2-13(b)中的陀螺仪直接积分解算结果波形虽然平滑,即使在飞行器姿态改变时,其积分角度也没有波动,但随着时间的增加,将出现积分角度的漂移。图中仅进行了 25s 姿态解算,陀螺仪漂移误差就达到了将近 2°。因此,进行姿态融合是十分必要的。

在图 2-13(c)中,采用互补滤波取得了较好的效果,不仅波形平滑,而且陀螺仪漂移误差也得到有效矫正。

互补滤波姿态融合虽然计算简单,运算量小,也能够取得较理想的融合效果,但对于参数 A 选取却没有比较好的解决办法,一般是通过不断调试和反复修改进行确定。若 A 过大,则角度收敛较慢,动态性能降低;若 A 过小,则角度波动较大,滤波效果降低。因此一般还需要运用模糊算法或其他自适应算法对参数值进行实时调整,以满足系统对静态和动态时的性能要求。

2.4.2 卡尔曼滤波算法

卡尔曼滤波算法是由匈牙利数学家鲁道夫·卡尔曼于 1960 年提出的一种递归更新滤波算法。该算法为了描述整个计算更新的过程,提供了一组有效的递归推算方程组来估计过程的状态量,其间使估计均方误差最小化。

卡尔曼滤波器的概率原型解释及推导过程等更完整的讨论相对烦琐,不是本文研究重点,下面仅简单介绍离散卡尔曼滤波算法。

设离散时间控制系统状态变量 $X \in \mathbf{R}^n$,可由以下离散随机差分方程描述:

$$X(k) = AX(k-1) + BU(k) + W(k) \tag{2-26}$$

观测反馈量即系统输出方程可描述为

$$Z(k) = HX(k) + V(k) \tag{2-27}$$

其中,$W(k)$ 和 $V(k)$ 均为随机信号,分别表示过程白噪声和观测白噪声且相互独立,服从正态分布:

$$\begin{cases} p(w) \sim N(0, \boldsymbol{Q}) \\ p(v) \sim N(0, \boldsymbol{R}) \end{cases} \tag{2-28}$$

式中,噪声协方差系数 R 与 Q 的取值,关系最终滤波的效果和响应速度。但两者相互制约,R 取值越小,滤波响应和收敛越迅速;Q 取值越小,抑制、滤除噪声的能力越强。卡尔曼滤波的基本公式如下。

(1) 状态预测方程:由系统状态变量 $k-1$ 时刻的最优值 $X(k-1|k-1)$ 和系统输入 $U(k)$ 可以求出 k 时刻系统预测值 $X(k|k-1)$ 为

$$X(k \mid k-1) = AX(k-1 \mid k-1) + BU(k) \tag{2-29}$$

(2) 协方差预测方程:根据 $k-1$ 时刻系统协方差矩阵 $\boldsymbol{P}(k-1|k-1)$ 预测 k 时刻系统协方差矩阵 $\boldsymbol{P}(k|k-1)$ 为

$$\boldsymbol{P}(k \mid k-1) = A\boldsymbol{P}(k-1 \mid k-1)\boldsymbol{A}^{\mathrm{T}} + Q \tag{2-30}$$

(3) 卡尔曼增益计算方程:根据状态变量预测值和协方差矩阵预测值计算卡尔曼增益 $Kg(k)$ 为

$$Kg(k) = \boldsymbol{P}(k \mid k-1)\boldsymbol{H}^{\mathrm{T}} / (\boldsymbol{H}\boldsymbol{P}(k \mid k-1)\boldsymbol{H}^{\mathrm{T}} + R) \tag{2-31}$$

(4) 最优值更新方程:由状态变量预测值和系统测量值计算 k 时刻状态变量最优值 $X(k|k)$ 为

$$X(k \mid k)=X(k \mid k-1)+Kg(k)(Z(k)-HX(k \mid k-1)) \tag{2-32}$$

(5) 协方差更新方程：更新 k 时刻协方差矩阵 $\boldsymbol{P}(k|k)$ 为

$$\boldsymbol{P}(k \mid k)=(1-Kg(k)H)\boldsymbol{P}(k \mid k-1) \tag{2-33}$$

最优值和协方差更新方程都计算结束后，整个滤波过程进入下一轮循环，重复(1)～(5)步。递推算法的本质体现在估计过程，每次只需根据以前的测量值递归计算，就能得到当前时刻的状态估计。卡尔曼滤波器的工作流程如图 2-14 所示。

以四旋翼飞行器俯仰角状态变量为例，进行卡尔曼融合姿态解算。令状态变量 X 为俯仰角度 θ，系统状态方程为和测量方程分别为

$$X(k)=\theta(k)=1\times X(k-1)+T_s\times W_{\text{gyro}}+T_s\times w_g(k) \tag{2-34}$$

$$Z(k)=1\times X_{\text{acc}}(k)+w_a(k) \tag{2-35}$$

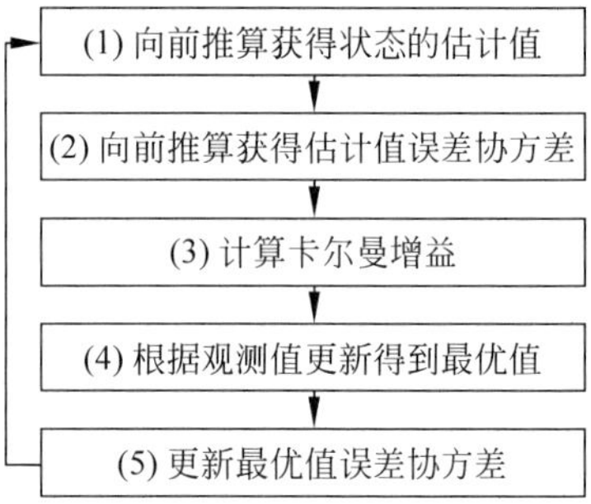

(1) 向前推算获得状态的估计值
(2) 向前推算获得估计值误差协方差
(3) 计算卡尔曼增益
(4) 根据观测值更新得到最优值
(5) 更新最优值误差协方差

图 2-14 卡尔曼滤波器工作流程

式中：T_s——系统采样周期；

W_{gyro}——陀螺仪测量角速度；

X_{acc}——加速度计计算的俯仰角度；

w_g、w_a——陀螺仪和加速度计测量的噪声。

取系统采样周期 $T_s=0.005\text{s}$，系统噪声协方差矩阵 $Q=0.001$，测量误差协方差矩阵 $R=0.5$，滤波器初始条件 $X(0)=0$、$P(0)=1$，根据卡尔曼滤波基本公式(式(2-29)～式(2-33))设计俯仰角姿态融合算法，得到姿态解算结果如图 2-15 所示。

俯仰角/°
20
0
−20
0
5
10
15
20
t/s
2
0
−2
24.6
25

(a) 加速度计解算结果

(b) 陀螺仪解算结果

(c) 卡尔曼滤波融合解算结果

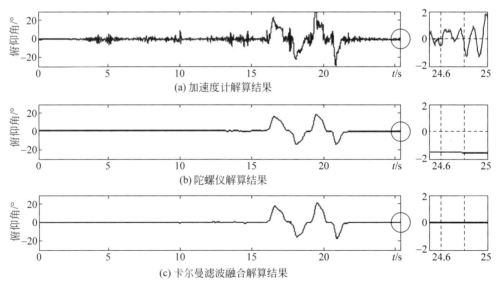

图 2-15 俯仰角卡尔曼滤波融合结果

在图 2-15 中使用的传感器数据与之前互补滤波使用的数据相同,可以看出,采用卡尔曼滤波进行姿态融合也可以得到较好的融合效果,其波形平滑度和静态漂移误差比互补滤波稍好。在滤波融合算法设计过程中,主要对协方差 Q 和 R 的取值进行设计,R 取值越小,滤波响应和收敛越迅速;Q 取值越小,抑制、滤除噪声的能力越强。因此,其具体取值也需要反复实际调试进行权衡确定。

2.4.3　DMP 姿态数据获取

运用互补滤波与卡尔曼滤波思想进行姿态融合的过程归根结底都是利用加速度计解算出的姿态角去修正陀螺仪积分的漂移误差。这两种方法在姿态融合过程中姿态角的表示形式都是欧拉角表示。用欧拉角进行姿态解算在大角度计算时会出现万向节锁(角度为 90° 时加速度计进行姿态解算的反三角函数无解),为了避免该问题,可采用四元数来解算姿态。

四元数姿态解算流程如下。

(1) 初始化四元数:

设当前的坐标系为机体坐标系,则四元数列向量:

$$\boldsymbol{q} = \begin{bmatrix} q_0 & q_1 & q_2 & q_3 \end{bmatrix}^{\mathrm{T}} = \begin{bmatrix} 1 & 0 & 0 & 0 \end{bmatrix}^{\mathrm{T}} \tag{2-36}$$

(2) 获取角速度、加速度:读取 MPU6050 三轴加速度计和三轴陀螺仪的信号并经过 IIR 低通滤波器滤波滤除振动噪声,得到重力加速度分量acc_x、acc_y、acc_z 和角速度分量 ω_x、ω_y、ω_z。

(3) 将加速度计测量值acc_x、acc_y、acc_z 转化为三维的单位向量(归一化):

$$\begin{cases} a_x = \dfrac{\mathrm{acc}_x}{\sqrt{\mathrm{acc}_x^2 + \mathrm{acc}_y^2 + \mathrm{acc}_z^2}} \\[3mm] a_y = \dfrac{\mathrm{acc}_y}{\sqrt{\mathrm{acc}_x^2 + \mathrm{acc}_y^2 + \mathrm{acc}_z^2}} \\[3mm] a_z = \dfrac{\mathrm{acc}_z}{\sqrt{\mathrm{acc}_x^2 + \mathrm{acc}_y^2 + \mathrm{acc}_z^2}} \end{cases} \tag{2-37}$$

(4) 用四元数表示三轴的重力分量 V_x、V_y、V_z:

$$\begin{cases} V_x = 2(q_1 q_3 - q_0 q_2) \\ V_y = 2(q_1 q_0 - q_3 q_2) \\ V_z = q_0^2 - q_1^2 - q_2^2 + q_3^2 \end{cases} \tag{2-38}$$

式中:V_x、V_y、V_z——重力单位向量在机体坐标系中的分量。

(5) 求四元数所求重力分量与加速度计测量值的误差值:

$$\begin{cases} e_x = a_y \times V_z - a_z \times V_y \\ e_y = a_z \times V_x - a_x \times V_z \\ e_z = a_x \times V_y - a_y \times V_x \end{cases} \tag{2-39}$$

在机体坐标系中,加速度计测量的重力加速度分量为acc_x、acc_y、acc_z;陀螺仪积分后推算得到的重力向量是 V_x、V_y、V_z。此处,向量间的误差 e_x、e_y、e_z 用向量积(外积、叉乘)表

18 四旋翼无人飞行器设计(第2版)

示,该误差向量仍位于机体坐标系中。

（6）利用所得的误差修正陀螺仪的测量值：

$$\begin{cases} e_{xint} = \hat{e}_{xint} + k_i \times e_x \\ \dot{\omega}_x = \omega_x + k_p \times e_x + e_{xint} \end{cases} \tag{2-40}$$

$$\begin{cases} e_{yint} = \hat{e}_{yint} + k_i \times e_y \\ \dot{\omega}_y = \omega_y + k_p \times e_y + e_{yint} \end{cases} \tag{2-41}$$

$$\begin{cases} e_{zint} = \hat{e}_{zint} + k_i \times e_z \\ \dot{\omega}_z = \omega_z + k_p \times e_z + e_{zint} \end{cases} \tag{2-42}$$

式中，参数 k_i、k_p 用以控制加速度计修正陀螺仪误差的速度。

（7）利用修正后的陀螺仪值 $\dot{\omega}_x$、$\dot{\omega}_y$、$\dot{\omega}_z$ 更新四元数：

$$\begin{cases} q_0 = \hat{q}_0 + \dfrac{dt}{2}(-q_1\dot{\omega}_x - q_2\dot{\omega}_y - q_3\dot{\omega}_z) \\ q_1 = \hat{q}_1 + \dfrac{dt}{2}(q_0\dot{\omega}_x + q_2\dot{\omega}_z - q_3\dot{\omega}_y) \\ q_2 = \hat{q}_2 + \dfrac{dt}{2}(q_0\dot{\omega}_y - q_1\dot{\omega}_z + q_3\dot{\omega}_x) \\ q_3 = \hat{q}_3 + \dfrac{dt}{2}(q_0\dot{\omega}_z + q_1\dot{\omega}_y - q_2\dot{\omega}_x) \end{cases} \tag{2-43}$$

（8）将得到更新后的四元数规范化：

$$\begin{cases} q_0 = \dfrac{\hat{q}_0}{\sqrt{q_0^2 + q_1^2 + q_2^2 + q_3^2}} \\ q_1 = \dfrac{\hat{q}_1}{\sqrt{q_0^2 + q_1^2 + q_2^2 + q_3^2}} \\ q_2 = \dfrac{\hat{q}_2}{\sqrt{q_0^2 + q_1^2 + q_2^2 + q_3^2}} \\ q_3 = \dfrac{\hat{q}_3}{\sqrt{q_0^2 + q_1^2 + q_2^2 + q_3^2}} \end{cases} \tag{2-44}$$

式(2-40)～式(2-44)中，$\hat{e}_{xint}$，$\hat{e}_{yint}$，$\hat{e}_{zint}$，$\hat{q}_0 \sim \hat{q}_4$ 表示更新后的值。

（9）得到新四元数后即完成了一次四元数法姿态融合的运算。将新四元数作为下一次四元数运算的初始四元数，再从步骤（1）开始下一次的四元数运算。为了直观表示飞行器的姿态，可将新四元数转化成为三个欧拉角：

$$\phi = \arctan\left(\frac{2(q_2q_3 + q_0q_1)}{q_0^2 - q_1^2 - q_2^2 + q_3^2}\right) \tag{2-45}$$

$$\theta = \arcsin(-2(q_1q_3 - q_0q_2)) \tag{2-46}$$

$$\psi = \arctan\left(\frac{2(q_2q_1 + q_0q_3)}{q_0^2 + q_1^2 + q_2^2 + q_3^2}\right) \tag{2-47}$$

总结以上 9 个步骤,四元数算法流程如图 2-16 所示。

通过四元数姿态解算的流程可以看出,其主要思想还是利用加速度计对陀螺仪进行修正,其修正的快慢程度由参数 k_p 和 k_i 进行控制。使用该方法步骤较为烦琐,涉及中间变量转换较多,且计算量较大,占用内存也较大,使用起来很不方便。为解决该问题,运动控制传感器 MPU6050 提供了 DMP 内部四元数解算功能,可以直接输出四元数数据,从而省略了烦琐的计算步骤,给设计带来了极大便利。运动处理传感器 MPU6050 除了提供三轴陀螺仪和三轴加速度计传感器的 16 位 ADC(Analog-to-Digital Converter,模/数转换器)信号采集功能之外,还集成了数字低通滤波器和数字运动处理器 DMP(Digital Motion Processor),可以直接输出经低通滤波处理和四元数姿态解算后的四元数数据。将该四元数转换为欧拉角,可以得到准确的俯仰角和横滚角。配置 MPU6050 内部 DMP 功能的流程如图 2-17 所示。

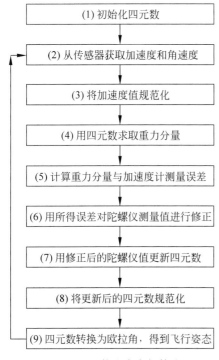

图 2-16 四元数法姿态解算流程

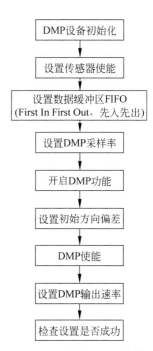

图 2-17 MPU6050 内部 DMP 功能配置流程

按如图 2-17 所示的流程对 DMP 功能进行配置后,即可调用库函数直接读取四元数姿态角数据。由于没有融合磁力计数据,因此偏航角的计算仍然是由陀螺仪积分得到。对偏航角数据的融合,也可采用之前介绍的互补滤波、卡尔曼滤波及四元数法,其具体实现过程与用加速度计修正陀螺仪误差类似,在此不再赘述。对于同一组飞行姿态数据,图 2-18 所示展示了互补滤波姿态融合、卡尔曼滤波姿态融合及 MPU6050 内部 DMP 姿态解算俯仰角波形的对比结果。

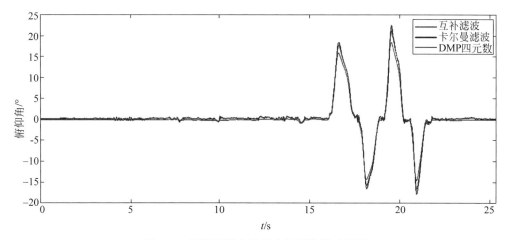

图 2-18 不同解算方法姿态解算结果对比图

可以看出,三种姿态解算方法都能取得较好的解算效果,其中 DMP 内部解算在飞行器静止时稳态噪声最小,在姿态角动态改变时,互补滤波和卡尔曼滤波姿态解算受加速度计影响更大,而 DMP 解算则收敛相对较慢。总的来说,DMP 解算姿态数据更平稳,动态性能也比较理想。从设计难度上来说,互补滤波和卡尔曼滤波姿态解算都需要根据实际调试反复修改滤波器参数才能达到较好的解算效果,而 DMP 解算直接输出四元数数据,只需要将其转换为欧拉角即可用于姿态控制,大大简化了四旋翼飞行器姿态解算难度。综合考虑,本书设计的四旋翼飞行器姿态解算方法采用 MPU6050 内部姿态解算。

2.5 PID 控制算法

2.5.1 PID 概述

PID 即比例、积分、微分控制器,作为最早实用化的控制器已有近百年历史,也是现在应用最为广泛的工业控制器,其基本结构如图 2-19 所示。

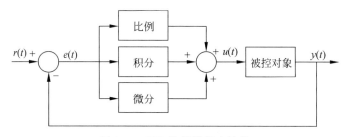

图 2-19 PID 控制器基本结构

如图 2-19 所示,PID 控制器由比例单元、积分单元和微分单元组成,其输入是期望值 $r(t)$ 和输出测量值 $y(t)$ 之间的误差 $e(t)$。早期的 PID 控制器通过硬件实现称为模拟 PID,

其基本公式为

$$u(t) = K_p \left[e(t) + \frac{1}{T_i} \int_0^t e(t)\, \mathrm{d}t + T_d \frac{e(t)}{\mathrm{d}t} \right] \qquad (2\text{-}48)$$

式中：K_p——控制器比例系数；

　　　T_i——积分系数；

　　　T_d——微分系数。

对应传递函数为

$$G(s) = \frac{U(s)}{E(s)} = K_p \left[1 + \frac{1}{T_i \times s} + T_d \times s \right] \qquad (2\text{-}49)$$

随着计算机在控制领域的发展，出现了数字式 PID 控制器。数字 PID 比模拟 PID 更加灵活，可以根据工程经验或者实验数据在线调整其控制参数，以改善其控制效果。数字 PID 控制器需要对积分和微分进行离散化处理，以 T 为采样周期，T_i 为积分周期，T_d 为微分周期，n 为采样序号，则数字 PID 算法可表示为

$$u(n) = K_p \times e_n + K_i \times \sum_{j=0}^n e_j + K_d \times (e_n - e_{n-1}) \qquad (2\text{-}50)$$

式中：K_p——比例系数；

　　　K_i——积分系数，$K_i = K_p \times \dfrac{T}{T_i}$；

　　　K_d——微分系数，$K_d = K_p \times \dfrac{T_d}{T}$。

PID 控制中比例调节的作用可理解为：通过采集信号的负反馈，求得系统输出值与期望值的偏差，经过比例换算得出系统输出控制量从而消除系统输出偏差。比例系数 K_p 决定了减少偏差的速度，K_p 越大偏差减少得越快，但容易引起系统超调，使系统产生振荡；而若减小 K_p 值，调节的速度也相应变慢。积分控制是对累积的偏差进行调节，其目的是使累积偏差为零。积分控制效果与偏差的大小和偏差持续的时间相关。微分控制即控制误差的变化率，控制误差的变化趋势，起到提前修正误差的作用，同时提高输出响应的快速性，减小系统超调量。

2.5.2　四旋翼飞行器 PID 控制器设计

四旋翼飞行器在飞行过程中，其飞行姿态将动态变化，即使保持电机转速不变也不能使飞行器稳定在固定姿态。因此需要不断地对电机转速进行调整，使飞行姿态逼近期望姿态。PID 控制器即实现将期望姿态与实际姿态之间误差量解算为电机控制量的过程。

四旋翼飞行器的三个姿态角（俯仰角、横滚角、偏航角）即绕机体坐标系 x、y、z 轴系旋转的角度。坐标系三轴相互垂直，因此，飞行器三个姿态角之间理论上没有耦合，相互独立。这使得对飞行器姿态的控制可简化为对三个姿态角的独立控制。以俯仰角（Pitch）为例，结合"X"飞行模式下建立的机体坐标系对该姿态角进行 PID 控制过程如图 2-20 所示。

测量值即传感器模块发送的姿态解算后的俯仰角角度，期望值为遥控器遥控旋钮输入

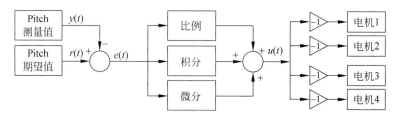

图 2-20 四旋翼飞行器俯仰角 PID 控制基本结构

的俯仰角角度,将两值做差,得到误差信号 $e(t)$。经过 PID 解算后得到控制量输出 $u(t)$,在
"X"飞行模式下,需要同时控制电机 1~4,其中电机 1、2 转速增加 $u(t)$,电机 3、4 转速减小
$u(t)$。电机带动旋翼转动所产生的升力对飞行器机体产生扭矩,进而促使俯仰角向误差减
小的方向改变。若直接使用图 2-20 所示 PID 控制器结构将不能取得良好的控制效果。由
自动控制原理可知,采用角速度反馈闭环控制可有效增加系统稳定性,因此,本书在进行姿
态角控制之前需设计姿态角速度增稳内环控制。同时,系统最终控制量为空间位置,因此还
需要增加外环位置控制。由此得到四旋翼飞行器俯仰角方向整体控制结构如图 2-21 所示。

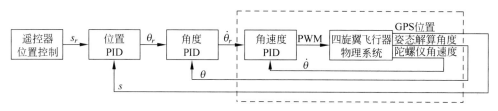

图 2-21 俯仰角方向整体控制结构

图中,s、θ、$\dot{\theta}$ 分别为俯仰角方向的位移、俯仰角度、俯仰角角速度,s_r、θ_r、$\dot{\theta}_r$ 分别为各个
控制环的控制输入量。虚线框内即是系统辨识的稳定系统,其控制器积分和微分控制量可
设为 0。

对于横滚角和偏航角的控制结构与俯仰角类似,在进行整体姿态控制时,先分别求解各
个姿态角的控制量输出,然后结合遥控器油门信号量求解处 4 个电机的最终控制量发送到
电子调速器即可完成整体姿态的控制。根据 X 字飞行器飞行原理,可得各个姿态角控制量
与电机最终控制量之间的耦合关系如图 2-22 所示。

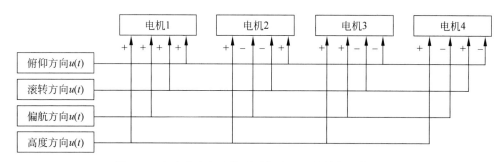

图 2-22 各方姿态方向控制量与电机速度控制解算关系

第 3 章　硬 件 设 计

本章主要介绍四旋翼飞行器的硬件设计,硬件设计主要包括飞行器主控电路设计和遥控器电路设计两大部分。其中数据通信使用 SPI、IIC、USART 三种串行通信协议的最多,这几块内容,硬件和软件部分都有交叉。本书将这部分内容作为预备知识,在正式进入软硬件设计之前介绍,特别是 IIC 协议,使用频率高,很多器件的读写都是采用这种方式。

3.1　协议预备知识

3.1.1　SPI 总线

SPI(Serial Peripheral Interface,串行外围设备接口),是一种高速全双工的通信总线。它由摩托罗拉公司提出,被广泛地使用在 ADC、液晶显示模块等设备与微控制器间通信的场合。

1. 基本情况

SPI 总线包含 4 条总线,分别为 SS、SCK、MOSI、MISO。它们的作用介绍如下:

(1) SS(Slave Select,片选信号线):当有多个 SPI 设备与 MCU 相连时,每个设备的这个片选信号线是与 MCU 单独的引脚相连的,而其他的 SCK、MOSI、MISO 线则为多个设备并联到相同的 SPI 总线上,如图 3-1 所示。当 SS 信号线为低电平时,片选有效,开始 SPI 通信。

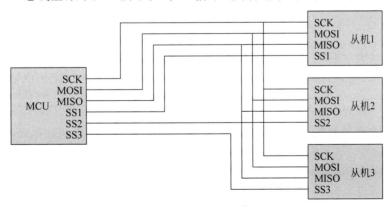

图 3-1　SPI 多机通信

（2）SCK（Serial Clock，时钟信号线）：由主通信设备产生，不同设备支持的时钟频率不一样，如 STM32 的 SPI 时钟频率最大为 $f_{PCLK}/2$。

（3）MOSI（Master Output Slave Input，主设备输出/从设备输入引脚）：主机的数据从这条信号线输出，从机由这条信号线读入数据，即这条线上数据的方向为主机到从机。

（4）MISO（Master Input Slave Output，主设备输入/从设备输出引脚）：主机从这条信号线读入数据，从机的数据则由这条信号线输出，即在这条线上数据的方向为从机到主机。

2. SPI 模式

根据 SPI 时钟极性（CPOL）和时钟相位（CPHA）配置的不同，分为 4 种 SPI 模式。

（1）时钟极性是指 SPI 通信设备处于空闲状态时（也可以认为这是 SPI 通信开始时，即 $\overline{SS}$ 为低电平时），SCK 信号线的电平信号。CPOL＝0 时，SCK 在空闲状态时为低电平；CPOL＝1 时，则相反。

（2）时钟相位是指数据采样的时刻，当 CPHA＝0 时，MOSI 或 MISO 数据线上的信号将会在 SCK 时钟线的奇数边沿被采样。当 CPHA＝1 时，数据线在 SCK 的偶数边沿采样，如图 3-2 所示。

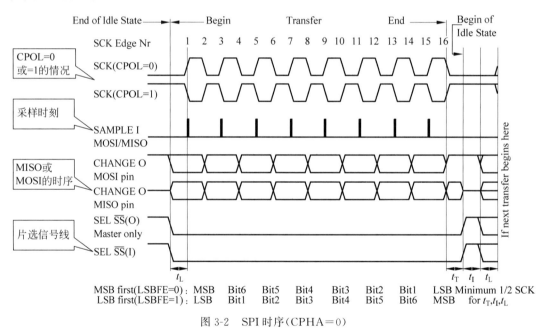

图 3-2　SPI 时序（CPHA＝0）

下面分析 CPHA＝0 的时序图：

由主机把片选信号线 $\overline{SS}$ 拉低，即为图中的 $\overline{SS}$(O)时序，意为主机输出，$\overline{SS}$(I)时序实际上也是 $\overline{SS}$ 线信号，$\overline{SS}$(I)时序表示从机接收到 $\overline{SS}$ 片选被拉低的信号。

在 $\overline{SS}$ 被拉低的时刻，SCK 分为两种情况：若设置为 CPOL＝0，则 SCK 时序在这个时刻为低电平；若设置为 CPOL＝1，则 SCK 在这个时刻为高电平。

无论 CPOL＝0 还是 CPOL＝1，因为我们配置的时钟相位 CPHA＝0，在采样时刻的时序中可以看到,因此采样时刻都是在 SCK 的奇数边沿(注意奇数边沿有时为下降沿,有时为上升沿)。

因此,MOSI 和 MISO 数据线的有效信号在 SCK 奇数边沿保持不变,这个信号将在 SCK 奇数边沿时被采集,在非采样时刻,MOSI 和 MISO 的有效信号才发生切换。

CPHA＝1 的情况与此类似,但数据信号的采样时刻为偶数边沿,其时序图如图 3-3 所示。使用 SPI 协议通信时,主机和从机的时序要保持一致,即两者都选择相同的 SPI 模式。

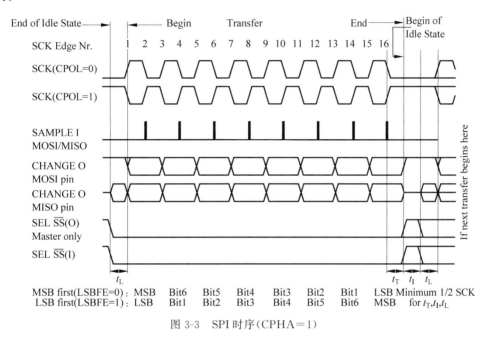

图 3-3　SPI 时序(CPHA＝1)

3. STM32 的 SPI 特性及架构

STM32 的小容量产品有 1 个 SPI 接口,中容量的有 2 个,而大容量的则有 3 个。其特性如下:

- 单次传输可选择为 8 位或 16 位;
- 波特率预分频系数(最大为 $f_{PCLK}/2$);
- 时钟极性(CPOL)和相位(CPHA)可编程设置;
- 数据的传输顺序可进行编程选择,MSB(Most Significant Bit,最高有效位)在前或 LSB(Least Significant Bit,最低有效位)在前;
- 可触发中断的专用发送和接收标志;
- 可以使用 DMA 进行数据传输操作。

4. STM32 的 SPI 架构分析

图 3-4 为 STM32 的 SPI 架构图,可以看到 MISO 数据线接收到的信号经移位寄存器处理后把数据转移到接收缓冲区,然后这个数据就可以由软件从接收缓冲区读出了。

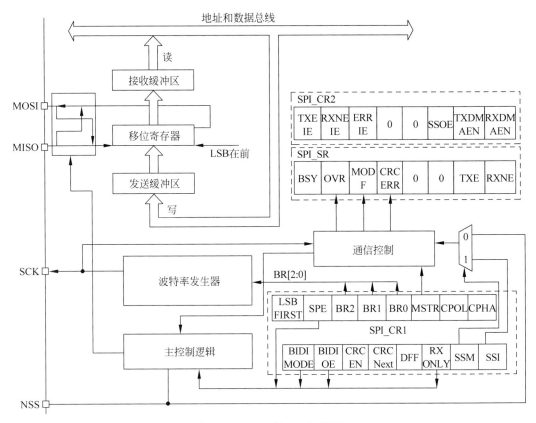

图 3-4　STM32 的 SPI 架构图

当要发送数据时,把数据写入发送缓冲区,硬件将会把它用移位寄存器处理后输出到 MOSI 数据线。

SCK 的时钟信号则由波特率发生器产生,可以通过波特率控制位(BR)来控制它输出的波特率。

控制寄存器 CR1 掌管着主控制电路,STM32 的 SPI 模块的协议设置(时钟极性、相位等)就是由它来制定的。而控制寄存器 CR2 则用于设置各种中断使能。

最后为 NSS 引脚,这个引脚扮演着 SPI 协议中的 SS 片选信号线的角色,如果把 NSS 引脚配置为硬件自动控制,SPI 模块能够自动判别它能否成为 SPI 的主机,或自动进入 SPI 从机模式。但实际上用得更多的是由软件控制某些 GPIO 引脚单独作为 SS 信号,这个 GPIO 引脚可以随便选择。

3.1.2　IIC 总线

IIC(Inter-Integrated Circuit)协议是由 Philips 公司开发的,由于它具备引脚少、硬件实现简单、可扩展性强、不需要如 USART、CAN 的外部收发设备等特点,因此,广泛用于系统内多个器件间的通信。常见的 IIC 通信系统模型如图 3-5 所示。

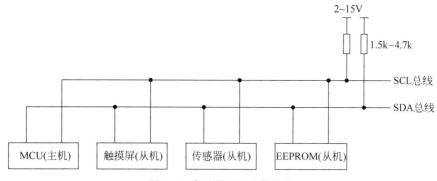

图 3-5 常见的 IIC 通信系统

1. 物理层

（1）它只使用两条总线线路：一条为双向串行数据线（SDA），另一条为串行时钟线（SCL），见图 3-5。

（2）每个连接到总线的设备都有一个独立地址，主机可以利用这个地址进行不同设备之间的访问。

（3）多主机同时使用总线时，为了防止数据冲突，会利用仲裁方式决定由哪个设备占用总线。

（4）具有三种传输模式：标准模式的传输速率为 100kb/s，快速模式为 400kb/s，高速模式下可达 3.4Mb/s。但目前大多 IIC 设备尚不支持高速模式。

（5）片上的滤波器可以滤去总线数据线上的毛刺波以保证数据完整。

（6）连接到相同总线的 IC 数量受到总线的最大电容 400pF 限制。

2. 协议层

IIC 的协议包括起始和停止条件、数据有效性、响应、仲裁、时钟同步和地址广播等环节，由于使用的是 STM32 集成硬件 IIC 接口，并不需要用软件去模拟 SDA 和 SCL 线的时序，所以直接以 IIC 通信的流程为大家讲解。主机写数据到从机通信过程如图 3-6 所示，主机从从机中读数据如图 3-7 所示。

图 3-6 主机写数据到从机

图 3-7 主机由从机中读数据

这两幅图表示的是主机和从机通信时 SDA 线的数据包序列。

其中 S 表示由主机的 IIC 接口产生的传输起始信号,这时连接到 IIC 总线上的所有从机都会接收到这个信号。

起始信号产生后,所有从机就开始等待主机紧接下来广播的从机地址信号。在 IIC 总线上,每个设备的地址都是唯一的。当主机广播的地址与某个设备地址相同时,这个设备就被选中了,没被选中的设备将会忽略之后的数据信号。根据 IIC 协议,这个从机地址可以是 7 位或 10 位。

在地址位之后,是传输方向的选择位。该位为 0 时,表示后面的数据传输方向是由主机传输至从机;该位为 1 时,则相反。

从机接收到匹配的地址后,主机或从机会返回一个应答(A)或非应答($\overline{A}$)信号,只有接收到应答信号后,主机才能继续发送或接收数据。若配置的方向传输位为写数据,广播完地址,接收到应答信号后,主机开始正式向从机传输数据,数据包的大小为 8b。

主机每发送完一个数据,都要等待从机的应答信号(A),重复这个过程,可以向从机传输 N 个数据,这个 N 没有大小限制。当数据传输结束时,主机向从机发送一个停止传输信号(P),表示不再传输数据。

若配置的方向传输位为读数据,广播完地址,接收到应答信号后,从机开始向主机返回数据,数据包大小也为 8 位。

从机每发送完一个数据,都会等待主机的应答信号(A),重复这个过程,可以返回 N 个数据,这个 N 也没有大小限制。

当主机希望停止接收数据时,就向从机返回一个非应答信号($\overline{A}$),则从机自动停止数据传输。

3. STM32 的 IIC 特性及架构

(1) IIC 接口特性。

- STM32 的中等容量和大容量型号芯片均有多达两个 IIC 总线接口;
- 能够工作于多主模式或从模式,分别为主接收器、主发送器、从接收器及从发送器;
- 支持标准模式 100kb/s 和快速模式 400kb/s,不支持高速模式;
- 支持 7 位或 10 位寻址;
- 内置了硬件 CRC(Cyclic Redundancy Check,循环冗余校验)发生器/校验器;
- IIC 的接收和发送都可以使用 DMA 操作;
- 支持系统管理总线(SMBus)2.0 版。

(2) IIC 架构。

IIC 的所有硬件架构都是根据 SCL 线和 SDA 线展开的。SCL 线的时序即为 IIC 协议中的时钟信号,它由 IIC 接口根据 CCR(Clock Control Register,时钟控制寄存器)控制,控制的参数主要为时钟频率。而 SDA 线的信号则通过一系列数据控制架构,在将要发送的数

据的基础上,根据协议添加各种起始信号、应答信号、地址信号,实现以 IIC 协议的方式发送
出去。读取数据时则从 SDA 线上的信号中取出接收到的数据值。发送和接收的数据都被
保存在 DR(Digital Register,数据寄存器)上,IIC 的架构图如图 3-8 所示。

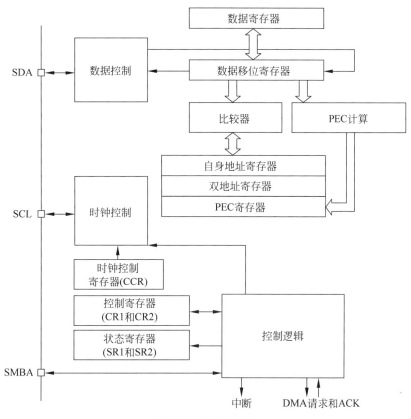

图 3-8　IIC 架构图

3.1.3　USART 总线

STM32 的串口功能非常强大,不仅支持最基本的通用串口同步、异步通信,还具有局域
互联网总线功能、红外通信功能、SmartCard 功能。本节介绍串口最基本、最常用的方法:
全双工、异步通信方式。异步串口通信协议时序图如图 3-9 所示。

1. 串口工作过程分析

串口外设的架构如图 3-10 所示,该架构图看起来十分复杂,实际上对于软件开发人员
来说,只需要了解串口发送的过程即可。从下至上,可以看到串口外设主要由三个部分组
成,分别是波特率控制、收发控制和数据存储转移。

2. 波特率控制

波特率,即每秒传输的二进制位数,用 b/s(bps)表示,通过对时钟的控制可以改变波

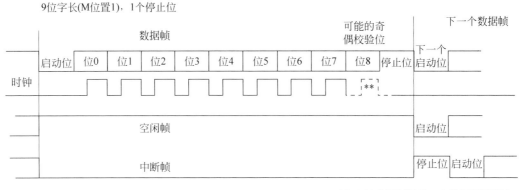

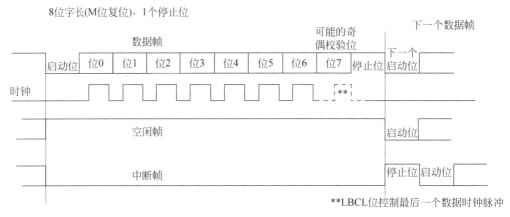

图 3-9   异步串口通信协议

特率。在配置波特率时,向波特率寄存器 USART_BRR 写入参数,修改串口时钟的分频值 USARTDIV。USART_BRR 寄存器包括两部分,分别是 DIV_Mantissa(USARTDIV 的整数部分)和 DIV_Fraction(USARTDIV 的小数部分),最终,计算公式为

$$\text{USARTDIV} = \text{DIV\_Mantissa} + (\text{DIV\_Fraction}/16) \tag{3-1}$$

USARTDIV 是对串口外设的时钟源进行分频,对于 USART1,由于它挂载在 APB2 总线上,所以它的时钟源为 f_{PCLK2};而 USART2、3 挂载在 APB1 上,时钟源则为 f_{PCLK1},串口的时钟源经过 USARTDIV 分频后分别输出作为发送器时钟及接收器时钟,控制发送和接收的时序。

3. 收发控制

围绕着发送器和接收器控制部分,有 CR1、CR2、CR3 和 SR 多个寄存器,即 USART 的三个控制寄存器及一个状态寄存器。通过向寄存器写入各种控制参数来控制发送和接收,如奇偶校验位、停止位等,还包括对 USART 中断的控制。串口的状态在任何时候都可以从状态寄存器中查询得到。具体的控制和状态检查,都是使用库函数来实现的,在此就不具体

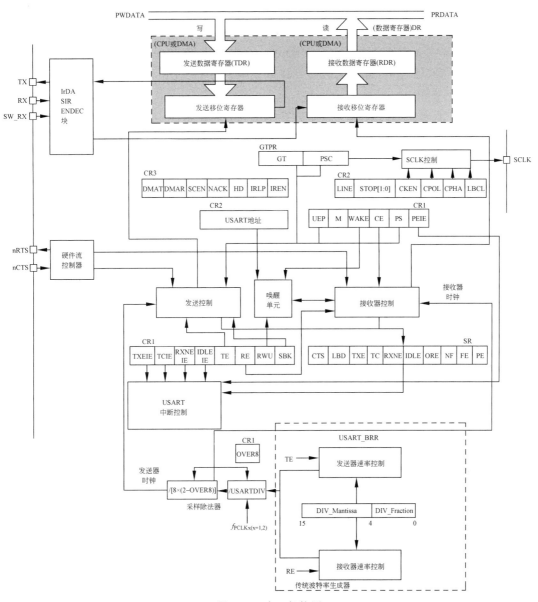

图 3-10　串口架构图

分析这些寄存器位了。

4. 数据存储转移

收发控制器对数据存储转移部分的移位寄存器进行控制。当需要发送数据时,内核或 DMA 外设(一种数据传输方式)把数据从内存(变量)写入发送数据寄存器 TDR 后,发送控制器将适时地自动把数据从 TDR 加载到发送移位寄存器,然后通过串口线 Tx,把数据一位一位地发送出去,当数据从 TDR 转移到移位寄存器时,会产生发送寄存器 TDR 已空事件 TXE,当数据从移位寄存器全部发送出去时,会产生数据发送完成事件 TC,这些事件可以在状态寄存器中查询到。而接收数据则是一个逆过程,数据从串口线 Rx 一位一位地输入到接收移位寄存器,然后自动地转移到接收数据寄存器 RDR,最后用内核指令或 DMA 读取到内存(变量)中。

3.2 总体设计

飞控板是四旋翼飞行器的核心设备,目前市面上适合初学者使用的飞控板有 KK 飞控板、FF 飞控板、玉兔二代飞控板、MWC 飞控板、APM 飞控板、NAZA 飞控板等。它们有各自的特征,满足大部分初学者的要求,遥控器的种类也很多。本书硬件飞控板采用自制核心板,配上常用的集成块设计理念完成设计,给产品升级留出很大的设计空间。遥控器没有采用现成的遥控器,通过无线模块和微控制器自制的简易遥控器。

3.2.1 遥控器电路基本框架

遥控器模块电路主要包括显示模块,无线收发模块,AD(Analog to Digital,模数)采集模块和微控制器模块。硬件框图如图 3-11 所示。

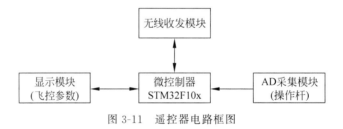

图 3-11　遥控器电路框图

其中:

- 无线收发模块:用来和四旋翼飞行器进行通信,实现对飞行器的实时控制。
- AD 采集模块:获取操作杆数据,用来完成四旋翼飞行器的一系列动作。
- 显示模块:可以完成飞行器的实时参数变化情况,方便用户操控,直观,显示模块选择触摸屏,可以实时互动。
- 微控制器 STM32F10x:是遥控器的核心,采用 M3 和处理器主控芯片,型号为 STM32F103C8T6,48 个引脚即可满足设计的需要。

3.2.2 飞行器主控电路基本框架

飞行器主控电路主要包括气压计模块或超声波模块(二选一)、无线收发模块、9 轴传感器模块、微控制器模块和无刷电机电子调速器模块,硬件框图如图 3-12 所示。

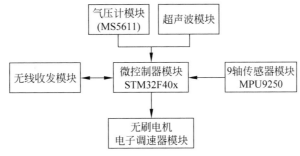

图 3-12 飞行器主控电路框图

其中:
- 气压计模块:用于测量高度。
- 超声波模块:用于测量高度。
- 无线收发模块:用来和四旋翼飞行器进行通信,实现对飞行器的实时控制。
- 9 轴传感器模块:InvenSense 第二代传感器,集成了加速度计、陀螺仪和磁力计。
- 微控制器模块:选用 STM32 家族 M4 核作为主控芯片,完成对飞控的数据采集和处理。
- 无刷电机电子调速器模块:电机是四旋翼飞行器飞行控制器的执行机构,通过电子调速器对电机控制,电机将飞行控制器的输出转换为旋翼的转速,改变各旋翼的升力与反扭矩,以起到调节飞行器姿态的作用。

3.3 飞行器主控电路最小系统设计

微控制器是飞行控制器的核心单元,对四旋翼飞行器的控制实现起着至关重要的作用。世界知名半导体公司意法半导体所开发的 STM32 系列单片机是高性能单片机的杰出代表。STM32 系列单片机基于 ARM 的 IP 核设计,加上意法半导体自有特色的外设与总线优化,使得 STM32 兼顾 ARM32 位处理器的高运算性能的同时具有高度可扩展性,对嵌入式系统市场的占有率居高不下。本设计中采用 STM32 家族中 M4 核作为主控芯片。

3.3.1 基本原理

四旋翼飞行器选择 M4 系列作为主控芯片还是考虑到它的速度。作为 Cortex M3 市场的最大占有者,ST 公司在 2011 年推出的基于 Cortex M4 内核的 STM32F4 系列产品。相对于 STM32F1/F2 等 Cortex M3 产品,STM32F4 最大的优势就是新增了硬件 FPU(Float Point Unit,浮点运算单元)单元以及 DSP(Digital Signal Processing,数字信号处理)指令。

同时,STM32F4 的主频也提高了很多,达到 168MHz(可获得 210DMIPS 的处理能力),这使得 STM32F4 尤其适用于需要浮点运算或 DSP 处理的应用。

STM32F4 相对于 STM32F1 的主要优势如下。

1. 更先进的内核

STM32F4 采用 Cortex M4 内核,带 FPU 和 DSP 指令集;而 STM32F1 采用的是 Cortex M3 内核,不带 FPU 和 DSP 指令集。

2. 更多的资源

STM32F4 拥有多达 192KB 的片内 SRAM(Static Random Access Memory,静态随机存取存储器),带摄像头接口(DCMI)、加密处理器(CRYP)、USB 高速 OTG、真随机数发生器、OTP(One Time Programable,一次性可编程)存储器等。

3. 增强的外设功能

对于相同的外设部分,STM32F4 具有更快的模数转换速度、更低的 ADC/DAC 工作电压、32 位定时器、带日历功能的实时时钟(RTC)、I/O 复用功能大大增强、4KB 的电池备份 SRAM 以及更快的 USART 和 SPI 通信速度。

4. 更高的性能

STM32F4 最高运行频率可达 168MHz,而 STM32F1 只能到 72MHz;STM32F4 拥有 ART(Adaptive Real-Time Accelerator,自适应实时加速器),可以达到相当于 Flash 零等待周期的性能,STM32F1 则需要等待周期;STM32F4 的 FSMC(Flexible Static Memory Controller,可变静态存储控制器)采用 32 位多重 AHB(Advanced High Performance Bus,高性能总线)总线矩阵,相比 STM32F1 总线访问速度明显提高。

5. 更低的功耗

STM32F40x 的功耗为 238μA/MHz,其中低功耗版本的 STM32F401 更是低到 140μA/MHz,而 STM32F1 则高达 421μA/MHz。

STM32F4 家族目前拥有 STM32F40x、STM32F41x、STM32F42x 和 STM32F43x 等几个系列,数十个产品型号,不同型号之间软件和引脚具有良好的兼容性,可方便客户迅速升级产品。其中,STM32F42x/43x 系列带了 LCD 控制器和 SDRAM(Synchronous Dynamic Random Access Memory,同步动态随机存储器)接口,对于想要驱动大屏或需要大内存的用户来说,是个不错的选择。目前 STM32F4 这些芯片型号都已量产,可以方便地购买到,不过目前来说,性价比最高的是 STM32F407。

3.3.2 硬件电路设计

最小系统设计和一般单片机最小系统设计区别不大,主要包含晶振电路、复位电路、JTAG 等。图 3-13 给出了飞控板的最小系统电路。STM32F407 引脚较多,主要 I/O 引脚接口如图 3-13(a)所示,电源及晶振接口如图 3-13(b)所示,复位电路和下载电路如图 3-13(c)

所示。

从图 3-13(a)可以看出,对于四旋翼飞行设计,实际系统的 I/O 口不是特别多,该最小系统在设计时为了方便使用,把所有的 I/O 口均预留了,方便以后扩展使用。对于成型的调试,不建议用户这么做,采用杜邦线连接稳定性还是要差很多,尽量把所有的功能集成到一块印制电路板上,后面键盘就是这样的设计思路。

在电源和晶振电路的接口电路设计中,STM32 均采用双晶振设计,即 8MHz 和 32kHz,通过稳压芯片得到 3.3V 的电压给芯片供电。

该最小系统预留了下载调试电路,方便使用者调试代码,另外可根据实际需要,保留 Jlink 接口。具体使用的引脚详见附录 B 中的电路图。

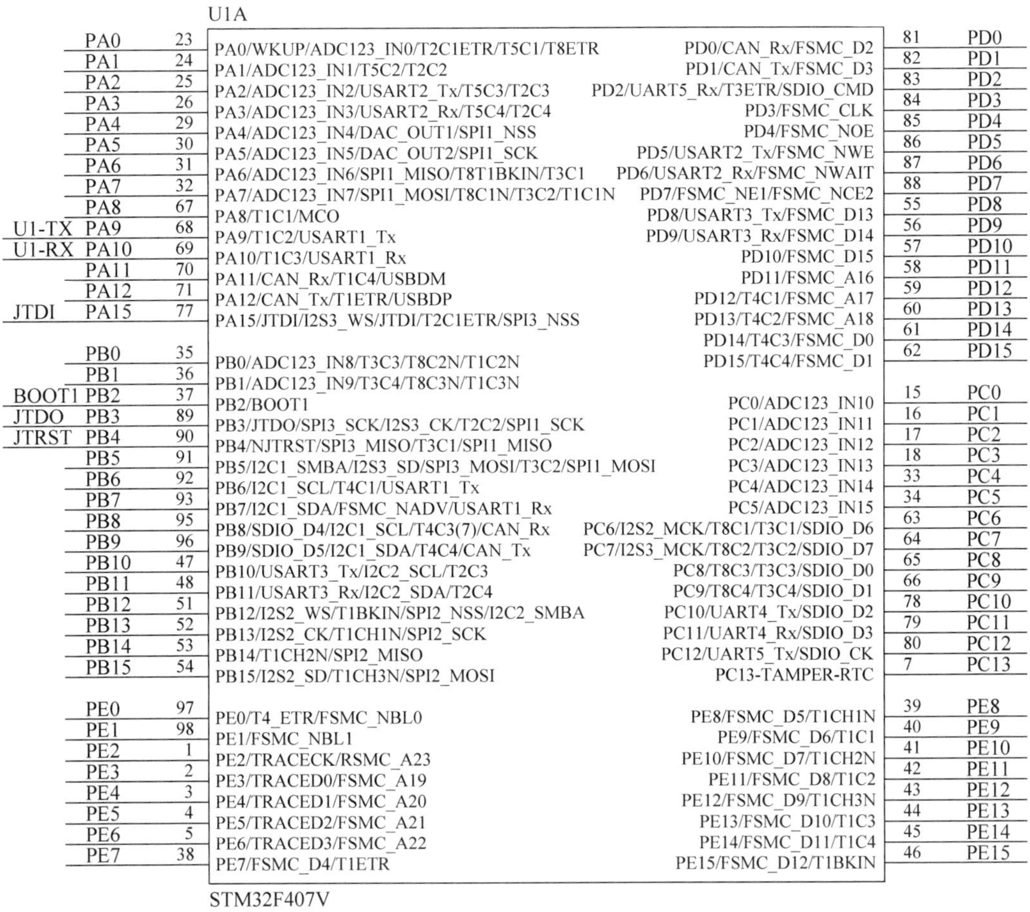

(a) M4主要引脚接口电路

图 3-13　飞控板核心控制电路(M4 最小系统)

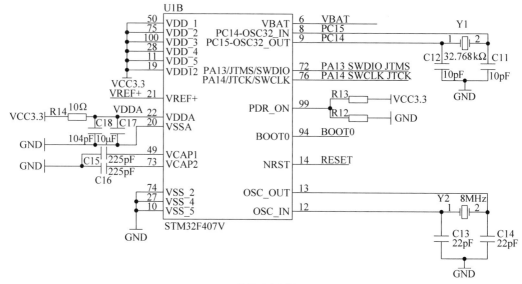

(b) 晶振及电源接口电路

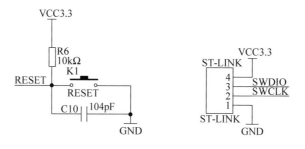

(c) 复位及ST-LINK下载电路

图 3-13 （续）

3.4 姿态传感器模块

四旋翼飞行器核心就是姿态的控制,按姿态控制的功能模块划分,常用的模块有陀螺仪、加速度计、磁强计和气压计等。随着 MEMS(Micro-Electro-Mechanical System,微机电系统)技术的发展,通常把陀螺仪、加速度计、磁强计都集成在一个模块上,一是使用方便,二是采集的数据更加稳定。某些特殊的场合,使用专门的加速度计、磁强计和气压计等。现在四旋翼飞行器控制大部分都采用集成度较高的器件了,MPU6050 和 MPU9250 是近年使用频率较高的两款器件,就是常说的 6 轴和 9 轴。MPU9250 是 MPU6050 的升级版本,集成块外观做得也比较接近,如图 3-14 所示。

(a) MPU9250模块　　　　(b) MPU6050模块

图 3-14　MPU9250 和 MPU6050 模块

3.4.1　基本原理

本书使用姿态传感器的模块为 MPU9250。MPU9250 为全球首例整合 9 轴运动姿态检测的数字传感器,消除了多传感器组合的轴间差问题,并减少了传感器的体积,降低了系统的功耗。MPU9250 内部集成 3 轴陀螺仪、3 轴加速度计和 3 轴磁力计,输出信号都是 16 位的数字量;可以通过集成电路总线(IIC)接口和单片机进行数据交互,传输速率可达 $400\mathrm{kHz/s}$。陀螺仪的角速度测量范围最高达 $\pm\dfrac{100}{9}\pi\mathrm{rad/s}$,具有良好的动态响应特性。MPU9250 内部结构如图 3-15 所示。

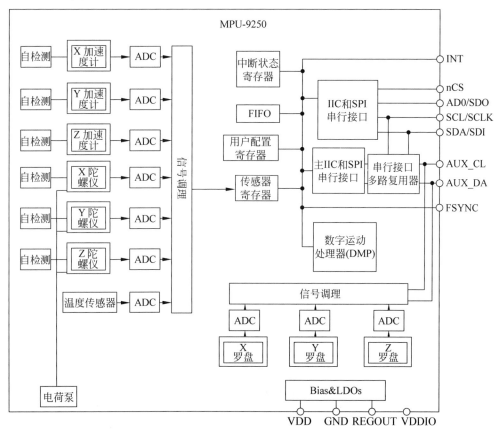

图 3-15　MPU9250 内部结构

从图 3-15 中的 MPU9250 内部结构可以发现,当主控芯片 MPU-9250 作为主机,SPI 通信需要用到 CS、SDO、SCLK 和 SDI 信号。因为这些引脚和 IIC 的引脚冲突,所以在这个模式下,设备不能辅助 IIC 设备通信。

MPU-9250 作为 IIC 的主控芯片有局限性,取决于系统对传感器的初始配置。IIC 的 SDA 和 SCL 是复用口,主控芯片可以通过它直接和辅助传感器通信(AUX_DA 和 AUX_CL)。

当 MPU-9250 与主控芯片使用 SPI 通信时,可以通过 IIC 从机单字节读写配置辅助传感器。一旦外部传感器被配置成功,MPU-9250 就可以通过 IIC 来进行单字节或多字节的配置了。读取的结果可以通过从机的 0～3 控制器写入 FIFO 缓冲区,中断引脚 INT 建议与主控芯片连接,以便唤醒主芯片。

1. 三轴加速度计

加速度计是一种用来测量运载体线性加速度的传感系统。加速度计的主要部件由检测质量(或敏感质量)、支承、阻尼系统、弹簧、电位系统以及壳体组成。由于受到支承的约束,检测质量只能沿着固定轴线运动,该固定轴线称为输入轴或敏感轴。当仪表壳体运动时,检测质量与壳体之间将产生相对运动。在惯性力的作用下,加速度计内部的弹簧发生形变,对检测质量作用,使其进行加速运动。最终,弹簧力与检测质量的惯性力会达到平衡状态,检测质量与壳体之间的相对运动随之停止。此时,根据弹簧的形变可以计算运载体的加速度大小。加速度信号通过内部的电位系统被转换为电信号,输出至微控制系统。常用加速度计类型有微机械加速度计、重锤式加速度计、液浮摆式加速度计、挠性摆式加速度计等。

MPU9250 内置的加速度计具有输出稳定、抗冲击能力强、过电保护等优点。加速度计具有以下性能指标:

- 三轴加速度计可编程精度范围为 $\pm 2g$、$\pm 4g$、$\pm 8g$ 和 $\pm 16g$,内置 16 位 ADC 产生三轴数字信号输出;
- 加速度计正常工作电流为 $450\,\mu A$;
- 加速度计低功耗模式为 $0.98\,Hz$ 时 $8.4\,\mu A$,$31.25\,Hz$ 时 $19.8\,\mu A$;
- 具有用户可编程中断功能;
- 应用处理系统低功耗模式可被运动中断唤醒;
- 具有自检功能。

2. 三轴陀螺仪

陀螺仪是用来测量运载体角速度的系统,三轴陀螺仪可以通过角速度计量同时测量运载体 6 个方向的位置、运动轨迹和加速度。三轴陀螺仪具有轻质量、小体积等优点。陀螺仪的主要构成部分为位于轴心的一个可旋转轮子。根据角动量守恒原理,当运载体进行旋转动作时,陀螺仪会产生抗拒运载体方向改变的趋势。MEMS 陀螺仪不同于机械陀螺仪,它的原理是科里奥利力。当运载体来回作径向运动时,受到科里奥利力的影响,运动轨迹不是简单地横向往返变换。运载体进行旋转运动时,同时受到科里奥利力和离心力的共同作用;当质点相对于惯性坐标系做直线运动时,质点的运动轨迹相对于旋转体系而言为一条直线。若以旋转体系为参考系,质点的直线运动轨迹会与原有方向出现一定角度的偏差,形成弧形运动轨迹,这便是科里奥利力的作用。科里奥利力并非真实作用在物体上的力,而是在非惯性系中惯性作用力的表现。科里奥利力计算公式如下:

$$\boldsymbol{F}_C = -2m(\boldsymbol{\omega} \times \boldsymbol{v}) \tag{3-2}$$

式中,$\boldsymbol{F}_C$ 为科里奥利力;m 为质点质量;$\boldsymbol{\omega}$ 为旋转体系角速度;$\boldsymbol{v}$ 为质点运动速度;$\times$ 表示两个矢量的外积。

MPU9250 采用 MEMS 三轴陀螺仪,配合加速度计,可以对物体的线性运动和旋转运动进行很好的描述。陀螺仪性能参数如下:

- 16 位 ADC 产生 x,y,z 三轴数字输出,可编程精度调节范围为 ± 250rad/s,± 1000rad/s,$\pm \frac{125}{9}$rad/s;
- 内置可编程低通滤波系统;
- 陀螺仪工作电流为 3.2mA;
- 睡眠模式 8μA;
- 灵敏度校准可调。

3. 三轴磁力计

磁力计又叫高斯计,磁力计可测量磁场方向和磁场强度,在惯性导航中起着确定物体方向的作用。MPU9250 封装了日本 Asahi Kasei Microsystems 公司的 AK8963 三轴磁力计,该芯片具有大量程低功耗的特点。输出数据可为 14 位(0.6μT/LSB)或 16 位(15μT/LSB),最大量程为 ± 4800μT。重复率为 8Hz 时工作电流为 280μA。

3.4.2 硬件电路设计

MPU9250 姿态传感器采用 IIC 接口,与飞控板主控器的 PB10(SCL)、PB11(SDA)连接,接口电路简单,使用方便,如图 3-16 所示。

MPU9250 接口电路引脚功能名称如表 3-1 所示。

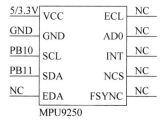

图 3-16 MPU9250 接口电路

表 3-1　MPU9250 集成模块引脚

引 脚 序 号	引 脚 名 称	引 脚 用 途
1	VCC	电源(3.3V 或 5V)
2	GND	地
3	SCL	IIC(Inter-Integrated Circuit,集成电路线总线)协议时钟引脚
4	SDA	IIC 协议时数据引脚;SPI 协议时数据输出
5	EDA	辅助 IIC 时钟引脚
6	ECL	辅助 IIC 数据引脚
7	AD0	IIC 协议时地址引脚;SPI 协议时数据输出引脚
8	INT	中断信号输出引脚
9	NCS	SPI 协议片选引脚
10	FSYNC	帧同步数字输入(不使用时接至 GND)

3.5　无线通信模块

无线通信模块主要用于遥控器和飞行控制器之间的数据传输,实现指定动作和数据实时回传,在飞控系统中是非常重要的一个模块。本飞控系统采用的是美国 SILABS 公司的 SI4463 无线芯片作为主控芯片的无线收发集成块,型号为 AS10-M4463D-SMA。外观如图 3-17 所示。

图 3-17　无线收发模块外观图

主要参数:

- 频率范围:119~1050MHz;
- 最大数据速率:1Mb/s;
- 调制格式:4-FSK、4-GFSK、ASK、FSK、GFSK、GMSK、MSK、OOK;
- 输出功率:20dBm;
- 工作电源电压:1.8~3.6V;
- 接口类型:SPI;
- 灵敏度:−126dBm。

3.5.1　基本原理

SI4463芯片是高性能的低电流无线收发器,覆盖了 $119\sim1050\mathrm{MHz}$ 的 Sub-1GHz 频段。灵敏度达到 $-126\mathrm{dBm}$,同时实现了极低的活动和休眠电流消耗。内部结构如图 3-18 所示。

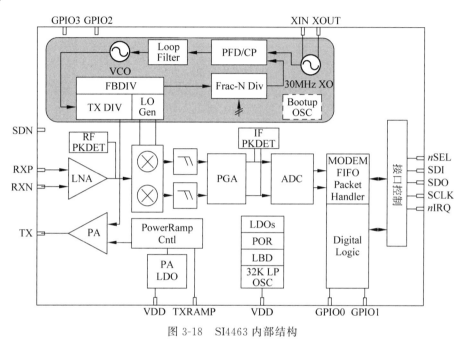

图 3-18　SI4463 内部结构

SI4463 有 20 个引脚,主要引脚功能可以分为两大类:硬件引脚和软件引脚。硬件引脚主要由电源、射频部分组成,软件引脚主要分为 SPI、芯片使能以及 GPIO 等组成。具体引脚号和功能简述如表 3-2 所示。

表 3-2　SI4463 引脚简述

引　　脚	引 脚 名 称	功　　　　能
1	SDN	关断输入引脚。0~VDD V 数字输入,SDN 应该是 0,除了关断模式下,所有的模式当 SDN=1 时,芯片将被彻底关闭,寄存器的内容将丢失
2,3	RXP,RXN	差分 RF 输入的低噪声放大器引脚
4	TX	发射输出引脚,它的输出是一个开漏连接,所以在 LC 匹配必须提供 VDD(+3.3V,DC 标称值)
5	NC	空
6,8	VDD	+1.8~+3.6 V 电源电压输入到内部稳压器,建议 VDD 电源电压为+3.3V

续表

引　脚	引脚名称	功　能
7	TXRAMP	可编程偏差输出与斜坡能力的外部 FET(Field Effect Transistor,场效应晶体管)功率放大器
9,10,19,20	GPIO0,GPIO1 GPIO2,GPIO3	通用数字 I/O
11	nIRQ	中断状态输出
12	SCLK	串行时钟输入
13	SDO	0～VDD V 数字输出
14	SDI	串行数据输入,0～VDD V 数字输入,该引脚提供了 4 线串行数据流串行数据总线
15	nSEL	串行接口选择输入,0～VDD V 数字输入,此引脚提供了选择/启用功能的 4 线串行数据总线
16,17	XOUT,XIN	晶体振荡器的输出/晶体振荡器的输入
18,PADDLE_GND	GND	地

3.5.2　硬件电路设计

无线通信模块硬件电路分为两部分：一部分放在飞控板上；另一部分放在遥控器手柄上。两部分接口电路如图 3-19 所示。

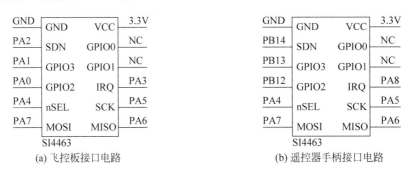

(a) 飞控板接口电路　　　　　　　　　　　　(b) 遥控器手柄接口电路

图 3-19　无线模块接口电路

表 3-3 给出了 AS10-M4463D 集成模块的引脚,一共 12 个引脚,采用 SPI 总线完成数据传输,引脚的功能含义和芯片本身功能一致。

该模块在使用时,厂家给出如下建议：

(1) 高频模拟器件具有静电敏感特性,应尽可能避免人体接触模块上的电子元件。

(2) 焊接时,电烙铁需要接地。

(3) 电源品质对模块性能影响较大,为保证模块供电电源具有较小纹波,务必避免电源频繁大幅度抖动,推荐使用 π 型滤波器(钽电容＋电感)。

表 3-3　AS10-M4463D 集成模块引脚

引 脚 序 号	引 脚 名 称	引 脚 用 途
1	GND	连接到电源参考地
2	SDN	低电平开启
3	GPIO3	模块信息输出引脚
4	GPIO2	模块信息输出引脚
5	nSEL	模块 SPI 片选引脚,低电平有效
6	MOSI	模块 SPI 数据输入引脚
7	MISO	模块 SPI 数据输出引脚
8	SCK	模块 SPI 时钟引脚
9	IRQ	模块中断引脚
10	GPIO1	模块信息输出引脚
11	GPIO0	模块信息输出引脚
12	VDD	1.8~3.6V

（4）模块地线使用单点接地方式,推荐使用 0Ω 电阻,或 10mH 电感,与其他部分电路参考地分开。

（5）模块天线安装结构对模块性能有较大影响,务必保证天线外露,最好垂直向上。当模块安装于机壳内部时,可使用优质的天线延长线,将天线延伸至机壳外部。天线切不可安装于金属壳内部,将极大地削弱传输距离。

（6）同一产品内部若存在其他频段无线设备,由于谐波干扰的可能性,请尽可能加大与本模块之间的直线距离,并尽可能使用金属材料将两者分开。

（7）若本模块所在的电路板附近存在晶振,请尽可能加大与晶振之间的直线距离,晶振尽可能采用带金属壳封装的石英晶体,晶振布线应该采用"铺地"方式进行包裹。

3.6　定高模块

常用的定高模块有超声波模块和气压计模块,两种模块各有特色,下面分别介绍这两种模块的基本原理和使用方法。

3.6.1　超声波定高模块

本书使用的超声波测距模块型号为 US-016,该模块可实现 2cm~3m 的非接触测距功能,供电电压为 5V,工作电流为 3.8mA,支持模拟电压输出,工作稳定可靠。本模块根据不同应用场景可设置成不同的量程(最大测量距离分别为 1m 和 3m),当量程(Range)管脚悬空时,量程为 3m,US-016 能将测量距离转化为模拟电压输出,输出电压值与测量距离成正比。主要技术参数如表 3-4 所示,本模块实物图如图 3-20 所示。

表 3-4　超声波模块主要参数

电气参数	US-016 超声波测距模块
工作电压	DC 5V
工作电流	3.8mA
工作温度	0~70℃
输出方式	模拟电压 0~V_{CC}
感应角度	小于 15°
探测距离	2~300cm
探测精度	$(0.3\pm1\%)$cm
分辨率	1mm

图 3-20　超声波模块实物图

1. 接口说明

本模块有 4Pin 供电及通信接口。4Pin 接口为 2.54mm 间距的弯排针,从左到右依次编号 1、2、3、4。它们的定义如表 3-5 所示。

表 3-5　超声波模块引脚

引脚序号	作　用
1	接 V_{CC} 电源(直流 5V)
2	量程设置引脚(Range),当模块上电时此引脚为高电平时,量程为 3m;当模块上电时此引脚为低电平时,量程为 1m。此引脚内带上拉电阻,当量程引脚悬空时,量程为 3m
3	模拟电压输出引脚(Out),模拟电压与测量距离成正比,输出范围为 0~V_{CC}
4	接外部电路的地

2. 测距工作原理

模块上电后,系统首先判断量程引脚的输入电平,根据输入电平状态来设置不同的量程。当量程引脚为高电平时,量程为 3m;当量程管脚为低电平时,量程为 1m。

然后,系统开始连续测距,同时将测距结果通过模拟电压在 Out 管脚输出。当距离变化时,模拟电压也会随之进行变化。模拟电压与测量距离成正比,模拟电压的输出范围是 0~V_{CC}。

当系统量程为 1m 时,测量距离 $L=1024\times V_{out}/V_{CC}$(mm)。当输出电压为 0V 时,对应距离为 0m,输出 V_{CC} 对应为 1.024m。

当系统量程为 3m 时,测量距离 $L = 3096 \times V_{out}/V_{CC}$(mm)。当输出电压为 0V 时,对应距离为 0m,输出 V_{CC} 对应为 3.072m。

(1) 量程为 1m 时编程建议。

当上电时,需要将量程管脚设置为低电平。测量时,可采用 ADC 对 Out 管脚的输出电压进行采样,根据 ADC 值换算出测量距离,可用如下公式计算:

$$L = (A \times 1024/2^n) * (V_{ref}/V_{CC}) \tag{3-3}$$

其中 A 为 ADC 的值,n 为 ADC 的位数,V_{ref} 为 ADC 的参考电压,V_{CC} 为 US-016 的电源电压。

如果采用 10 位 ADC 进行采样,且 ADC 的参考电压为 V_{CC} 时,测量距离可用 ADC 的值来表示。例如,当 ADC 采样值为 345 时,测量距离为 345mm。

(2) 量程为 3m 时编程建议。

当上电时,需要将量程设置管脚悬空或设置为高电平。测量时,可采用 ADC 对 Out 管脚的输出电压进行采样,根据 ADC 值换算出测量距离,可用如下公式计算:

$$L = (A \times 3072/2^n) * (V_{ref}/V_{CC}) \tag{3-4}$$

其中 A 为 ADC 的值,n 为 ADC 的位数,V_{ref} 为 ADC 的参考电压,V_{CC} 为 US-016 的电源电压。

如果采用 10 位 ADC 进行采样,且 ADC 的参考电压为 V_{CC} 时,测量距离可用 $3 \times$ ADC 的值来表示。例如,当 10 位 ADC 采样值为 400 时,测量距离为 $3 \times 400 = 1200$mm。

3.6.2 气压计定高模块

测量气压高度普遍是依据大气压强变化规律来的,即大气压强值随着海拔高度的增加而减小,从而可以通过检测大气静压间接获得海拔高度。在理想的气体环境下,实际高度约等于气压高度;而在实际的气体条件下,由于温度和空气密度等因素的差异始终存在,因此实际高度与气压高度间存在着差距。所以在实际的检测气压高度时,主要工作之一就是尽量减小其他环境因素对高度测量带来的影响,以便使得测量的气压高度尽可能多地逼近实际高度,同时还要有较好的分辨率。

1. 基本原理

MS5611-01BA 气压传感器是由瑞士 MEAS 推出的一款 SPI 和 IIC 总线接口的新一代高分辨率气压传感器,分辨率可达到 10cm。该传感器模块包括一个高线性度的压力传感器和一个超低功耗的 24 位 Σ 模数转换器。MS5611-01BA 提供了一个精确的 24 位数字压力值和温度值以及不同操作模式,可以提高转换速度并优化电流消耗。高分辨率温度输出无须额外的传感器便可实现高度计/温度计功能,以与微控制器连接,且通信协议简单,无须在设备内部寄存器编程。MS5611-01BA 模块如图 3-21 所示。

其各项参数如下:

• 分辨率:1.2Pa;
• 输出:24 位数字输出;

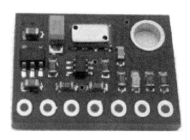

图 3-21　气压计 MS5611-01BA 模块

- 量程：1～120kPa；
- 工作温度范围：－40～85℃；
- 精确度：25℃、75kPa 时，－150～＋150Pa；
- 供电电源：1.8～3.6V。

特点：低功耗 1μA，集成数字压力传感器(24 位 ΔΣ 模数转换器)，IIC 和 SPI 接口，达 20MHz，无须外部元件(内部振荡器)，其内部结构如图 3-22 所示。

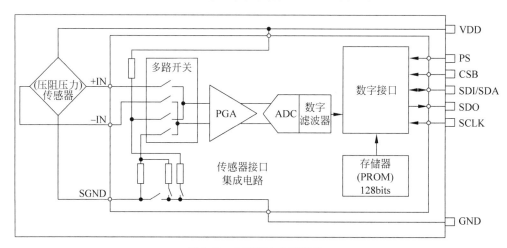

图 3-22　MS5611 内部结构

2. 硬件电路设计

该模块与 M4 核心板接口电路如图 3-23 所示。

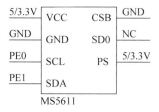

图 3-23　MS5611 接口电路

MS5611 接口电路引脚功能如表 3-6 所示。

表 3-6　MS5611 集成模块引脚

引脚序号	引脚名称	引脚用途
1	VCC	电源(3.3V 或 5V)
2	GND	负极
3	PS	通信协议选择： PS 为高电平时(VCC)→IIC 协议； PS 为低电平时(GND)→SPI 协议
4	CSB	SPI 协议时片选引脚； IIC 协议时地址引脚(接 GND 或 VCC)一般接 GND
5	SDO	SPI 协议时数据输出
6	SDA	SPI 协议时数据输入； IIC 协议时数据线
7	SCLK	SPI/IIC 协议时时钟线

3.7　电机及驱动模块

电机是四旋翼飞行器飞行控制器的执行机构，电机将飞行控制器的输出转换为旋翼的转速，改变各旋翼的升力与反扭矩，以起到调节飞行器姿态的作用。本书选用了朗宇 X2204S 无刷直流电机，如图 3-24 所示。

图 3-24　朗宇 X2204S 无刷电机

主要参数：
- KV：2300r/(min · V)；
- 适用电池节数(cell)：2-S Li-poly；
- 重量：22.8g；
- 高度：34.6mm 含桨夹高度；
- 直径：27.5mm；
- 适用螺旋桨孔径：5mm。

其他指标如表 3-7 所示。

表 3-7 朗宇 X2204S 无刷电机尺寸与电压、电流、推力的对应关系

支架/Inch	电压/V	电流/A	推力/gf	功率/W
GWS5043 直驱桨	11.1	0.8	50	8.88
		1.7	100	18.87
		2.9	150	32.19
		4	200	44.4
		5.3	250	58.83
		6.9	300	76.59
		7.8	350	86.58

四旋翼飞行器的运动需要驱动设备供给能量,产生升力,驱动模块的功能即为在主控制器指令下给出相应的功率管触发控制信号,经逆变电路控制驱动电机的转速,带动螺旋桨产生升力,实现飞行器的飞行控制。根据电机的不同,驱动器分为有刷电调和无刷电调,本书采用的是无刷电机,因此使用的是无刷电调,如图 3-25 所示。

图 3-25 无刷电子调速器

主要参数如下:
- 型号:XRotor 15A;
- 持续电流:15A;
- 瞬时电流(10s):20A;
- BEC(Battery Elimination Circuit,免电池电路):无;
- 锂电节数:2-3S 进角(高/中);
- 重量:10.5g;
- 尺寸:47mm×17mm×8.3mm;
- 应用范围:XRotor 15A 250/300 级多轴。

3.7.1 基本原理

1. 无刷电机

无刷电机是采用无刷电子调速器实现电子换向,具有可靠性高、无换向火花、机械噪声低等优点。电机产品的型号一般以 KV 值为准,KV 值是指 r/(min·V),指的是当输入电

压增加 1V 时,无刷电机空转转速增加的转速值。对于同尺寸规格的无刷电机来说,绕线匝数多,KV 值低,最高输出电流小,但是扭力大;绕线匝数少,KV 值高,最高输出电流大,但是扭力小。

2．无刷电子调速器

无刷电调输入的是直流,可以接稳压电源或锂电池。输出是三相交流,直接与电机的三相输入端相连。电调还有三根线连出,用来与接收机连接,控制电机的运转。当上电时,电机反转,需要把电机输入端三根导线的任意两根对换位置。

3.7.2　硬件电路设计

1．电路连接

电调参考手册给出的使用向导接线方法,如图 3-26 所示。

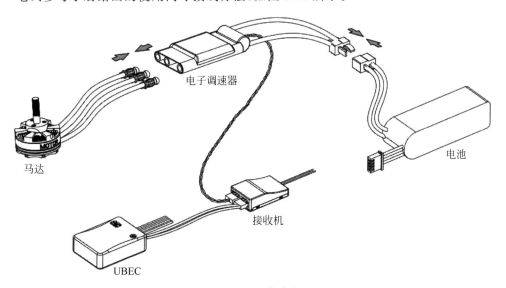

图 3-26　电调接线方法

实际一组电路图如图 3-27 所示,其中 PB6、PB7、PB8、PB9 作为信号控制线(与 STM32 连接)。

图 3-27　电调与电机连接电路图(一组)

电调在使用过程中,应严格按手册使用向导操作规程来操作,手册中给出的操作规程步骤如下:

- 电调接入飞行系统后,每次上电会自动检测输入的油门信号,然后执行相应的油门模式;
- 普通油门模式可以进行油门行程校准及进角设定,One Shot125 油门模式不能进行油门行程校准及进角设定;
- 普通油门模式下首次使用 XRotor 无刷电调或更换遥控设备后需要进行油门行程校准;

- 当电调驱动盘式电机出现异常或要求达到更高转速时,可尝试更改进角参数(注意,电调出厂默认为中进角)。

2. 油门行程校准操作方法

油门行程校准操作方法如图 3-28 所示。

图 3-28　油门行程校准操作方法

3. 进角参数设定操作方法

进角参数设定操作方法如图 3-29 所示。

图 3-29　进角参数设定操作方法

3.8　遥控器模块设计

对于四旋翼飞行器来说,比较流行的是 2.4G 的遥控器,知名遥控器品牌主要有天地飞、JR、Futaba 等。这些遥控器的优点是遥控距离比较远、可靠性高、姿态调节比较柔和;其缺点是,体积大、耗电大、通道数量受限制等。对于一般简单的四旋翼飞行器控制,可以自制简易航模遥控器,原理简单,制作方便。遥控器设计成类似 PSP 游戏机的外形,操作方便,如图 3-30 所示。

图 3-30　PSP 与飞控手柄

3.8.1　基本原理

在图 3-1 中已经介绍了遥控器的基本框图,主要包括摇杆、无线和显示三个功能模块。该电路整体结构简单,接口电路较少,基本和一个最小系统差不多。

1. 摇杆电位器

摇杆电位器分为油门控制和万向控制两种。

- 有弹油门控制：会自己回位，可推到任意位置，松手自动回位。
- 无弹油门控制：不自动回位，可停留在任意位置。
- 万向控制：自动回中。推上、下、左、右都自动回中，如图3-31所示。

图 3-31　摇杆电位器及帽

2. 液晶

液晶采用串口屏 TFT(Thin Film Transistor,薄膜晶体管)液晶显示模块,操作简单方便,适合数据的实时回传。操作界面如图3-32所示,通过触摸屏上的图标,可以直接读取运行的参数和飞行控制。

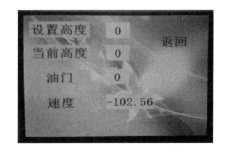

图 3-32　串口 TFT 液晶显示模块

对于产品研发者来说,产品研发初期可以选择的接口主要有三种类型:RGB 接口、MCU 总线接口和串口 HMI。串口 HMI(Human Machine Interface,人机接口)对于开发者来说,是最简单的显示方案。首先它跟 MCU 总线一样,对用户的硬件没有任何要求;其次,它没有速度瓶颈,因为界面的显示是设备内部实现的,用户 MCU 只是发送指令,并不需要底层驱动;再次,针对显示人机界面的布局和大多数逻辑(如界面背景、按钮效果、文本显示等),全都不需要用户 MCU 参与,使用设备提供的上位机软件,在计算机上单击几下鼠标就完成了。制作好资源文件以后下载到屏幕即可自动运行,剩下的就是 USART 交互了,运行时用户 MCU 通过简单的对象操作指令来修改界面上的内容。图3-33所示为串口液晶软件开发界面,开发过程简单,具体指令参考其开发手册。

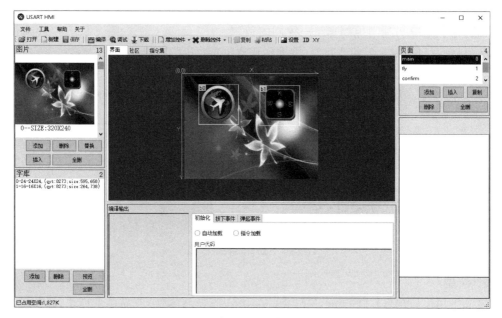

图 3-33　串口液晶软件开发界面

3.8.2　硬件电路设计

1. 最小系统电路

最小系统主要包括晶振电路和复位电路,如图 3-34 所示。

2. 电源电路

电源采用 4 节 1.5V 干电池供电,经过 1117 稳压模块给系统各部分供电,方便实用。其中 P3 为预留外接电源和地接口,方便调试使用,D3 为电源指示灯,如图 3-35 所示。

3. 摇杆电路

摇杆电路如图 3-36 所示。

4. 液晶和串口电路

采用 TFT 串口液晶电路,接口简单,操作方便。TFT 串口液晶屏为 4 线制,分别为电源、地及收发接口,如图 3-37 所示。它和串口共用 I/O 口,通过串口把代码发送给 TFT 液晶屏,然后串口可继续调试程序使用,如图 3-38 所示。

5. 无线收发电路

无线收发电路接口如图 3-39 所示。

6. 下载电路

下载电路接口如图 3-40 所示。

遥控器调试成功的成品实物图如图 3-41 所示。

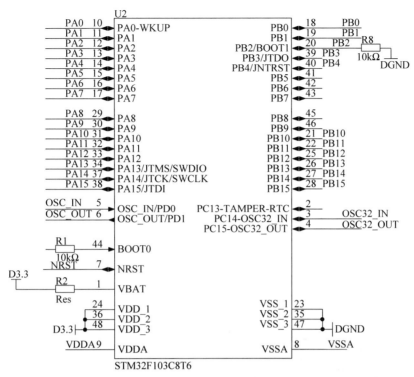

(a) 48个引脚的STM32103系列引脚排布图

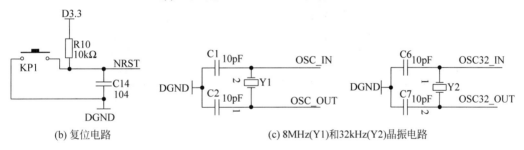

(b) 复位电路　　　　　　　　(c) 8MHz(Y1)和32kHz(Y2)晶振电路

图 3-34　最小系统电路

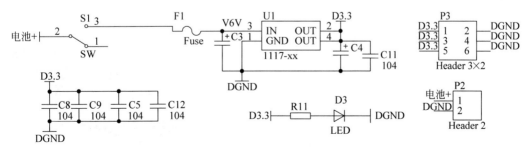

图 3-35　电源电路

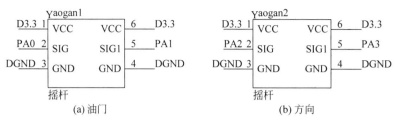

图 3-36 摇杆电路

图 3-37 液晶电路

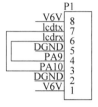

图 3-38 串口电路

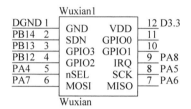

图 3-39 无线收发电路

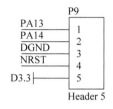

图 3-40 下载电路

图 3-41 遥控器实物

3.9 电源模块选择

电池选用型号为 2200mA·h 3S 11.1V 25C,如图 3-42 所示,参数含义如下:

- 3S 是指三个锂电池串联在一起;
- 11.1V 是指电压为 11.1V;
- 2200mA·h 是指电池的电流为 2200mA·h;
- 25C 就是放电倍率的意思,例如电池是 2200mA·h 25C,放电就是 2.2A×25=55A。

图 3-42 电池

3.10 四旋翼飞行器的组装

前面主要是对硬件电路设计和常规模块选择的介绍,本节主要涉及四旋翼飞行器的组装工作。

3.10.1 电机、桨、电池、机型的相互关系

电机 KV 值:电机的转速(空载)＝KV 值×电压。例如,KV1000 的电机在 10V 电压下它的转速(空载)就是 10000r/min。

电机的 KV 值越高,提供出来的扭力就越小。所以,KV 值的大小与桨有着密切的关系,以下就这点提供一下配桨经验。

1060 桨表示的含义是:前两位数表示直径,后两位表示螺距。

* 10 代表直径的长是 10 寸;
* 60 表示桨角(螺距)。

电池的放电能力,最大持续电流是容量×放电 C 数。例如,1500MA,10C,则最大的持续电流就是 1.5×10＝15A。

如果该电池长时间超过 15A 或以上电流工作,那么电池的寿命会变短。还有电池的充满电压单片 4.15～4.20V 合适,用后的最低电压为单片 3.7V 以上(切记不要过放),长期不用的保存电压最好为 3.9V。

一般电机与桨配值如表 3-8 所示。

表 3-8 电机与桨的关系

电 池	电机(KV 值)	桨
3S	900～1000	1060 或 1047 桨,9 寸桨也可
	1200～1400	9050(9 寸桨)至 8×6 桨
	1600～1800	7 寸至 6 寸桨
	2200～2800	5 寸或 6 寸桨
	3000～3500	4530
2S	1300～1500	9050
	1800	7060
	2500～3000	5×3
	3200～4000	4530

桨的大小与电流关系:因为桨相对越大在产生推力的效率就越高。例如,同用 3S 电池,电流同样是 10A(假设),用 KV1000 配 1060 桨与 KV3000 配 4530 桨,它们分别产生的推力前者是后者的两倍。

机型与电机、桨的关系:一般来说,桨越大对飞机所产生的反扭力越大,所以桨大小与飞机的翼展大小有着一定关系。桨与电机也有关系,如用 1060 桨,机的翼展就得要在 80cm

以上为合适,否则就容易造成飞行器反扭;又如,用8×6的桨翼展就得在60cm以上。本书选择型号为5040和6040均能正常使用,如图3-43所示。

图 3-43　桨片

3.10.2　机架的组装

机架是四旋翼飞行器的骨架,作为四轴的安装平台,如图3-44所示,支撑起整个飞行器。本书中使用的机架型号为F330,主要特点如下:

- 层板为沉金PCB(印制电路板),可以直接把电调焊接在板上;
- 马达轴距为330mm;
- 机架重量为143g;
- 马达安装孔位为18mm×16mm。

图 3-44　四旋翼飞行器支架

支架配件如图3-45所示。

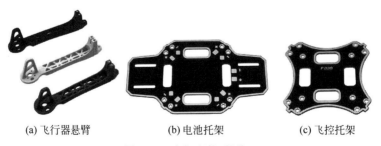

(a) 飞行器悬臂　　　　　　(b) 电池托架　　　　　　(c) 飞控托架

图 3-45　支架配件(部分)

第 4 章

软 件 设 计

4.1 软件预备知识

4.1.1 刚体的空间角位置描述

刚体在空间的角位置用运动坐标系相对于所选用参考坐标系的角度关系来描述,通常采用方向余弦法和欧拉角法。

两个重合的坐标系,当一个坐标系相对另一个坐标系做一次或多次旋转后可得到另一个新的坐标系,前者被称为参考坐标系或定坐标系,后者称为动坐标系,它们之间的相互关系可用方向余弦来表示。在某些应用场合,尤其是在研究两坐标系之间的运动特性时,方向余弦用矩阵的形式表示,也称为旋转矩阵,在某些应用场合称为姿态矩阵,其元素是两组坐标系单位矢量之间夹角的正弦、余弦值。

例如:

$$C = \begin{bmatrix} \cos\alpha & \sin\alpha \\ -\sin\alpha & \cos\alpha \end{bmatrix}$$

4.1.2 用欧拉角描述定点转动刚体的角位置

当描述一个三维空间刚体的转动角度时,需要选用三个独立的角度来表示具有一个固定点的刚体的相对位置,最早是欧拉在 1776 年提出来的。所以将这三个角称为欧拉角。

图 4-1 表示了共原点 O 的两个坐标系 $OX_nY_nZ_n$ 和 $OX_bY_bZ_b$ 的相对位置。

这一相对位置可以看成是通过以下的转动过程而最后形成的,最初 $OX_nY_nZ_n$ 与 $OX_bY_bZ_b$ 完全重合而后经过三次简单的转动达到图示的位置,这三次简单的转动如下。

第一次绕 Z_n 轴转一个 ψ 角,使 $OX_bY_bZ_b$ 由最初与 $OX_nY_nZ_n$ 重合位置转到 $OX_1Y_1Z_1$ 的位置,如图 4-2 所示。

这样 $OX_nY_nZ_n$ 与 $OX_1Y_1Z_1$ 之间的方向余弦矩阵可写成式(4-1)。

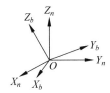

图 4-1 坐标系 $OX_nY_nZ_n$ 与 $OX_bY_bZ_b$ 的相对位置图

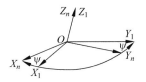

图 4-2 $OX_bY_bZ_b$ 绕 Z_n 轴转一个 ψ 角图

$$\boldsymbol{C}_n^1 = \begin{bmatrix} \cos\psi & \sin\psi & 0 \\ -\sin\psi & \cos\psi & 0 \\ 0 & 0 & 1 \end{bmatrix} \tag{4-1}$$

第二次绕 X_1 轴转动 θ 角,使 $OX_1Y_1Z_1$ 到达新的 $OX_2Y_2Z_2$ 位置,如图 4-3 所示。

这样 $OX_1Y_1Z_1$ 与 $OX_2Y_2Z_2$ 之间的方向余弦矩阵可表示成

$$\boldsymbol{C}_1^2 = \begin{bmatrix} 0 & 0 & 0 \\ 0 & \cos\theta & \sin\theta \\ 0 & \sin\theta & \cos\theta \end{bmatrix} \tag{4-2}$$

第三次绕 Z_2 轴转动 φ 角,使 $OX_2Y_2Z_2$ 到达 $OX_bY_bZ_b$ 的最终位置,如图 4-4 所示。

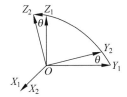

图 4-3 $OX_1Y_1Z_1$ 到达新的 $OX_2Y_2Z_2$ 位置图

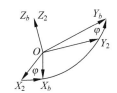

图 4-4 $OX_2Y_2Z_2$ 到达 $OX_bY_bZ_b$ 的位置

这样 $OX_2Y_2Z_2$ 与 $OX_bY_bZ_b$ 之间的方向余弦矩阵为

$$\boldsymbol{C}_2^b = \begin{bmatrix} \cos\varphi & \sin\varphi & 0 \\ -\sin\varphi & \cos\varphi & 0 \\ 0 & 0 & 1 \end{bmatrix} \tag{4-3}$$

三次转动的角 ψ,θ,φ 叫作欧拉角。将前面三个简单转动的图合成叠加在一起,就得到三个欧拉角表示两个坐标系相对位置的综合图,如图 4-5 所示。

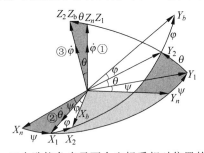

图 4-5 三个欧拉角表示两个坐标系相对位置的综合图

其中

$$\begin{bmatrix} X_b \\ Y_b \\ Z_b \end{bmatrix} = \boldsymbol{C}_n^b \begin{bmatrix} X_n \\ Y_n \\ Z_n \end{bmatrix}$$

$$\boldsymbol{C}_n^b = \begin{bmatrix} \cos\varphi & \sin\varphi & 0 \\ -\sin\varphi & \cos\varphi & 0 \\ 0 & 0 & 1 \end{bmatrix} \begin{bmatrix} 1 & 0 & 0 \\ 0 & \cos\theta & \sin\theta \\ 0 & -\sin\theta & \cos\theta \end{bmatrix} \begin{bmatrix} \cos\psi & \sin\psi & 0 \\ -\sin\psi & \cos\psi & 0 \\ 0 & 0 & 1 \end{bmatrix}$$

$$= \begin{bmatrix} \cos\varphi & \sin\varphi & 0 \\ -\sin\varphi & \cos\varphi & 0 \\ 0 & 0 & 1 \end{bmatrix} \begin{bmatrix} 1 & 0 & 0 \\ 0 & \cos\theta & \sin\theta \\ 0 & -\sin\theta & \cos\theta \end{bmatrix} \begin{bmatrix} \cos\psi & \sin\psi & 0 \\ -\cos\theta\sin\psi & \cos\theta\cos\psi & \sin\theta \\ \sin\theta\sin\psi & -\sin\theta\cos\psi & \cos\theta \end{bmatrix}$$

$$= \begin{bmatrix} \cos\varphi\cos\psi - \sin\varphi\cos\theta\sin\psi & \cos\varphi\sin\psi + \sin\varphi\cos\theta\cos\psi & \sin\varphi\sin\theta \\ -\sin\varphi\cos\psi - \cos\varphi\cos\theta\sin\psi & -\sin\varphi\sin\psi + \cos\varphi\cos\theta\cos\psi & \cos\varphi\sin\theta \\ \sin\theta\sin\psi & -\sin\theta\cos\psi & \cos\theta \end{bmatrix} \quad (4\text{-}4)$$

这样就得到用三个欧拉角$(\psi、\theta、\varphi)$表示的任意两个坐标系之间的方向余弦矩阵。从式(4-4)看出,用欧拉角表示的方向余弦矩阵是很烦琐的。

当进行小角位移时,把$\psi、\theta、\varphi$看成小量,并省略二阶以上的小量时,式(4-4)化简为

$$\boldsymbol{C}_n^b = \begin{bmatrix} 1 & \psi+\varphi & 0 \\ -(\psi+\varphi) & 1 & \theta \\ 0 & -\theta & 1 \end{bmatrix} \quad (4\text{-}5)$$

形式是简单了,但实际上不能应用。这是因为式(4-5)中元素$\psi+\varphi$正好合二为一,故矩阵中的9个元素中只有2个独立参数,不能唯一地确定刚体的相对位置。

那么如何解决这个问题呢? 前面的欧拉角旋转顺序是$Z{\rightarrow}X{\rightarrow}Z$,现在改变一下转动顺序为$X{\rightarrow}Y{\rightarrow}Z$则得到的方向余弦矩阵为

$$\boldsymbol{C}_n^b = \begin{bmatrix} \cos\gamma & \sin\gamma & 0 \\ -\sin\gamma & \cos\gamma & 0 \\ 0 & 0 & 1 \end{bmatrix} \begin{bmatrix} \cos\beta & 0 & -\sin\beta \\ 0 & 1 & 0 \\ \sin\beta & 0 & \cos\beta \end{bmatrix} \begin{bmatrix} 1 & 0 & 0 \\ 0 & \cos\alpha & \sin\alpha \\ 0 & -\sin\alpha & \cos\alpha \end{bmatrix}$$

$$= \begin{bmatrix} \cos\beta\cos\gamma & \sin\alpha\sin\beta\cos\gamma + \cos\alpha\sin\gamma & -\cos\alpha\sin\beta\cos\gamma + \sin\alpha\sin\gamma \\ -\cos\beta\sin\gamma & -\sin\alpha\sin\beta\sin\gamma + \cos\alpha\cos\gamma & \cos\alpha\sin\beta\sin\gamma + \sin\alpha\cos\gamma \\ \sin\beta & -\sin\alpha\cos\beta & \cos\alpha\cos\beta \end{bmatrix} \quad (4\text{-}6)$$

按照这样的转动顺序得到的角为卡尔丹角(α,β,γ),和欧拉角并没有本质上的区别,只是转动顺序和转动轴的选择不同,也称广义欧拉角。同理舍去(α,β,γ)二阶以上的小量,可化简为

$$\boldsymbol{C}_n^b = \begin{bmatrix} 1 & \gamma & -\beta \\ -\gamma & 1 & \alpha \\ \beta & -\alpha & 1 \end{bmatrix} \quad (4\text{-}7)$$

化简后的矩阵舍去高阶,存在一定的误差,同时用余弦矩阵进行姿态结算需要消耗

CPU(Central Processing Unit,中央处理器)很大的资源,所以一般在单片机(嵌入式系统)上使用四元数进行姿态结算。

4.1.3 四元数

介绍四元数前先简单地介绍复数,平时接触到的简单复数是由一个实部 a 和一个虚部 bi 组成,写作 $Z=a+bi$,那么四元数就是由一个实部和三个虚部组成,写作式(4-8)。

$$Q=q_0+\mathrm{i}q_1+\mathrm{j}q_2+\mathrm{k}q_3 \tag{4-8}$$

它是一种超复数,对于 i,j,k 本身的几何意义可以理解成一种旋转。当 $|Q|^2$ 时则称 (Q) 为规范化四元数。所以每次更新四元数都要对其作规范化处理:

$$|Q|^2=(q_0)^2+(q_1)^2+(q_2)^2+(q_3)^2 \tag{4-9}$$

其中:

$q_0=\hat{q}_0/Q$;

$q_1=\hat{q}_1/Q$;

$q_2=\hat{q}_2/Q$;

$q_3=\hat{q}_3/Q$。

$\hat{q}_0\sim\hat{q}_3$ 为归一化之前的数据。

为了计算和观察方便,我们还需要将四元数转化为欧拉角。转换的 C 语言代码为:

```
Yaw = atan2(2 * (q0 * q1 + q2 * q3),q0q0 - q1q1 - q2q2 + q3q3) * 57.3;
Pitch = asin( - 2 * (q1 * q3 + 2 * q0 * q2)) * 57.3;
Rool = atan2(2 * (q1 * q2 + 2 * q0 * q3),q0q0 + q1q1 - q2q2 - q3q3) * 57.3;
```

其中,Yaw、Pitch、Rool 就是相对于空间直角坐标系 X、Y、Z 三轴旋转的角度,可以看出经过四元数转化为欧拉角后可以更直观地显示出三轴的旋转角度。但是欧拉角同时存在着万向节死锁以及量程的限制问题。

如果将四元数本身进行姿态结算,则它具有以下优点:

- 四元数不会存在欧拉角的万向节死锁问题;
- 四元数由 4 个数组成 2 个四元数之间更容易插值;
- 对四元数规范化正交化计算更加容易。

现在普遍使用的方法是将四元数转化为欧拉角进行姿态结算控制,而根据四元数的以上优点对其直接进行姿态结算控制也未尝不可。

4.1.4 控制与滤波算法

首先介绍滤波算法。在模拟电路中通过设计的模拟滤波器,使特定频率的模拟信号通过滤波器,其他频率的信号被滤波器阻隔。而对于数字滤波器来说,它是由数值 Y 轴和时间 X 轴这两轴形成的数字信号波形,设计一个数字滤波器可以等价于一个模拟滤波器通过特定频率的信号阻隔其他频率的信号(噪声)。

很多传感器的数值并不是绝对准确的,每个传感器都有属于它自己的精度范围,理想状态下传感器的数值是在精度范围内随机分布的。但因为现实中外界环境或内部电路的干扰,使得传感器并不能在精度范围内稳定地输出一个值,会在原有的基础上叠加一个或高频、或低频、或特殊频率的噪声,这时传感器的数据就被噪声干扰了。被噪声污染的数据考验系统的鲁棒性,轻微时会使控制系统产生震动,而严重时会使系统发散进而崩溃。所以读取传感器的数据并进行滤波处理去除无用的噪声,给控制系统一个稳定而精确的数据,对于四旋翼飞行器整体的稳定性是非常重要的。

随着电子计算机技术的高速发展,工作与生活中出现越来越多的智能化自动化,这些设备的核心就是自动控制算法。越是庞大而精密的系统所需的控制算法越是复杂。对于四旋翼飞行器来说不需要建立烦琐的数学模型,也不用复杂的控制算法,仅仅使用简单的 PID 控制就能使其飞上蓝天。

PID(比例,积分,微分)控制,是 20 世纪出现的一种广泛使用的经典控制方法。它是一种在线性时不变系统中单输入单输出的一种控制方法。PID 控制方法有简单易实现、数学模型使用范围广、鲁棒性强和参数整定简单等优点。同时其缺点也很明显,对于多入多出、高阶、时变非线性的系统,PID 控制算法就无法依靠改变参数来达到预期的要求了。

下面介绍几种普遍用在四旋翼飞行器上的控制滤波算法:

- 互补滤波融合解算三轴旋转角度;
- 卡尔曼滤波融合解算三轴旋转角度;
- 对解算出的角度进行单级 PID 控制;
- 对解算出的角度进行串级 PID 控制。

1. 互补滤波

对于传感器读出的数据角速度和加速度来说,角速度数值短时间内准确度高且受震动干扰小,但是长时间会随着本身噪声误差的微弱累积使数据变得不可信,所以不能直接将角速度积分为角度。加速度数值极易受到外界震动的噪声干扰,但长期数据相对可信。所以根据角速度和加速度的这种特性,使用互补滤波对它们取长补短解算出角度,通过公式(4-10)实现。

$$Angle = 0.95 * (Angle - Angle\_gy * dt) + 0.05 * AngleAx \tag{4-10}$$

其中,Angle_gy 是 Y 轴的角速度;AngleAx 是 X 轴的加速度。

2. 卡尔曼滤波

传统的滤波方法,只能在有用信号与噪声具有不同频带的条件下才能实现,而对于白噪声就不是那么得心应手了。卡尔曼滤波器是一种基于时域的线性最优滤波器,在线性系统的状态空间表示基础上,从输出和输入观测数据求系统状态的最优估计:通过对传感器数据和滤波器预测数据动态加权来修正滤除来自外界的噪声。

卡尔曼滤波五个重要公式如下。

1)时间更新

(1)向前推算状态变量

$$\hat{X}_k^- = A\hat{X}_k + Bu_{k-1} \tag{4-11}$$

其中,A 为状态转移矩阵;B 为控制矩阵(一般为 1),$\hat{X}_k$ 为上一时刻值,$\hat{X}_k^-$ 为进行推测的值。u_{k-1} 是 $k-1$ 时刻对系统的控制量。

（2）向前推算误差协方差

$$P_k^- = AP_{k-1}A^{\mathrm{T}} + Q \tag{4-12}$$

其中 A 为状态转移矩阵，P_{k-1} 为数据的协方差矩阵，Q 为过程噪声。

2）测量更新

（1）计算卡尔曼增益

$$K_k = P_K^- \boldsymbol{H}^{\mathrm{T}} (\boldsymbol{H} P_K^- \boldsymbol{H}^{\mathrm{T}} + R)^{-1} \tag{4-13}$$

其中 $\boldsymbol{H}$ 为观察矩阵（当数据为 1 维时 $\boldsymbol{H}$ 为1），R 为观测噪声。

（2）由观测变量 Z_k 更新估计

$$\hat{X}_k = \hat{X}_k^- + K_k(Z_k - \boldsymbol{H}\hat{X}_k^-) \tag{4-14}$$

Z_k 为传感器获取的有噪声的数据，在此确定输出值 $\hat{X}_k$。

（3）更新误差协方差

$$P_k = (1 - K_k H) P_K^- \tag{4-15}$$

C 语言程序实现经典代码如下：

```
double KalmanFilter(double ResrcData,double ProcessNiose_Q,double MeasureNoise_R)
{
    double R = MeasureNoise_R;
    double Q = ProcessNiose_Q;
    static double x_last;
    double x_mid = x_last;
    double x_now;
    static double p_last;
    double p_mid;
    double p_now;
    double kg;
    x_mid = x_last;
    p_mid = p_last + Q;
    kg = p_mid/(p_mid + R);
    x_now = x_mid + kg * (ResrcData - x_mid);
    p_now = (1 - kg) * p_mid;
    p_last = p_now;
    x_last = x_now;
    return x_now;
}
```

3. 单级 PID 控制

PID 控制为比例、积分、微分控制，其为单输入单输出。单级 PID 就是将数据进行一次比例、积分、微分控制，然后输出为控制量的 PID 控制。

比例控制指的是使用一个比例系数对输入量与期望量的差进行放大或缩小。不过单纯的比例控制会产生静态误差（误差不会收敛于 0），所以这时要加入积分控制，对误差进行积分再乘以积分系数,误差累计越大积分控制的比重越大。其优点是可以消除静态误差;其缺点是不稳定,会使系统产生振荡。微分控制是预测系统的变化趋势。当输入的数据缓慢变化时微分项不起作用,当产生一个阶跃响应瞬间发生变化时,微分项发挥作用,做"超前控制"。

单级 PID 公式为

$$y(n) = K_p e(n) + K_i \sum_{i=0}^{\infty} e(i) + K_d [e(n) - e(n-1)] \tag{4-16}$$

输入量 $e(n)$ 为目标角度与当前角度的差,K_p、K_i、K_d 分别为比例项、积分项、微分项系数。用单级 PID 进行控制四旋翼飞行器正常飞行时,突遇外力(风等)干扰,或姿态模块传感器采集数据失真,造成姿态解算出来的欧拉角错误,这些都会使控制系统产生振荡,不能进行稳定的控制,所以只用角度单环,系统很难稳定运行。

4. 串级 PID 调节

串级控制系统指的是两调节器串联起来工作,其中一个调节器的输出作为另一个调节器给定值的系统。串级 PID 就是两单级 PID 串联起来,其中一级 PID 的输出作为另一级 PID 的输入。与简单的单级 PID 相比,串级 PID 在其结构上形成了两个闭环,一个闭环在里,被称为内回路或者副回路;另一个闭环在外,被称为外回路或主回路。副回路在控制过程中负责粗调,主回路则完成细调,串级控制就是通过这两条回路的配合控制完成普通单回路控制系统很难达到的控制效果。串级 PID 的数学表述为

$$y_1(n) = K_p e(n) + K_i \sum_{i=0}^{\infty} e(i) + K_d [e(n) - e(n-1)] \tag{4-17}$$

$$y_2(n) = K_p y_1(n) + K_i \sum_{i=0}^{\infty} y_1(i) + K_d [y_1(n) - y_1(n-1)] \tag{4-18}$$

当将两个 PID 串联起来,用第一个 PID 的输出量作为第二个 PID 的输入量,第一个 PID 的期望量为期望达到的角度,第二个 PID 的期望量为此时该轴的角速度,角度环为 1 级 PID 为外环,角速度环为 2 级 PID 为内环。串级 PID 相对于单级 PID 的优点是,作为内环的角速度由陀螺仪采集数据输出,采集值一般不存在受外界影响的情况,抗干扰能力强,并且角速度变化灵敏,当受外界干扰时,回复迅速,这样使四轴在飞行时抗干扰能力较强,飞行更稳定。

考虑到调试安全因素,在进行 PID 调节时,首先要将四轴的两侧固定在塑料管上,或用细绳拴住两侧,然后按照以下步骤调试:

- 估计大概的起飞油门;
- 调整角速度内环参数;
- 将角度外环加上,调整外环参数;
- 横滚俯仰参数一般可取一致,将飞机解绑,抓在手中测试两个轴混合控制的效果(注意安全),有问题回到"烤四轴"继续调整,直至飞机在手中不会抽搐;
- 大概设置偏航参数(不追求动态响应,起飞后头不偏即可),起飞后再观察横滚和俯仰轴向打舵的反应,如有问题回到"烤四轴";
- 横滚和俯仰通过测试以后,再调整偏航轴参数以达到好的动态效果。

过程详解:

(1) 要在飞机的起飞油门基础上进行 PID 参数的调整,否则"烤四轴"的时候调试稳定了,飞起来很可能又会晃荡。

(2) 内环的参数最为关键,理想的内环参数能够很好地跟随打舵(角速度控制模式下的打舵)控制量。在平衡位置附近(+30°左右),舵量突加,飞机快速响应;舵量回中,飞机立刻停止运动(几乎没有回弹和振荡)。

① 首先改变程序,将角度外环去掉,将打舵量作为内环的期望。

② 加上 P,P 太小,不能修正角速度,误差表现为很"软",倾斜后难以修正,打舵响应也差。P 太大,在平衡位置容易振荡,打舵回中或给干扰(用手突加干扰)时会振荡。合适的 P 能较好地对打舵进行响应,又不太会振荡,但是舵量回中后会回弹好几下才能停止(没有 D)。

③ 加上 D,D 的效果十分明显,加快打舵响应,最大的作用是能很好地抑制舵量回中后的振荡,可谓立竿见影。太大的 D 会在横滚俯仰混控时表现出来(尽管在"烤四轴"时的表现可能很好),具体表现是四轴抓在手里推油门会抽搐。如果这样,只能回到"烤四轴"降低 D,同时 P 也只能跟着降低。D 调整完后可以再次加大 P 值,以能够跟随打舵为判断标准。

④ 加上 I,会发现手感变得柔和了些。由于本书"烤四轴"的装置中四轴的重心高于旋转轴,这决定了在四轴偏离水平位置后会有重力分量,这使得四轴会继续偏离平衡位置。I 的作用就使得在一定角度范围内(30°左右)可以修正重力带来的影响。表现打舵使得飞机偏离平衡位置,舵量回中后飞机立刻停止转动,若没有 I 或太小,飞机会由于重力继续转动。

(3) 角度外环只有一个参数 P。将外环加上打舵会对应到期望的角度。P 的参数比较简单。太小,打舵不灵敏;太大,打舵回中易振荡。以合适的打舵反应速度为准。

(4) 至此,"烤四轴"效果应该会很好了,但是两个轴混控的效果如何还不一定,有可能会抽(两个轴的控制量叠加起来,特别是较大的 D,会引起抽搐)。如果抽了,降低 P、D 的值,I 基本不用变。

(5) 加上偏航的修正参数后(直接给双环参数,角度外环 P 和横滚差不多,内环 P 比横滚大些,I 和横滚差不多,D 可以先不加),拿在手上试过修正和打舵方向正确后可以试飞了。

注意:

① 试飞很危险! 选择在宽敞、无风的室内,1m 的高度(高度太低会有地面效应干扰,太高不容易看清姿态且容易摔坏)。

② 避开人群的地方比较适合,如有意外情况,立刻关闭油门。

③ 试飞时主要观察以下几个方面的情况,一般经过调整的参数在平衡位置不会大幅度振荡,需要观察:

- 在平衡位置有没有小幅度振荡(可能是由于机架振动太大导致姿态解算错误造成。也可能是角速度内环 D 的波动过大,前者可以加强减振措施,传感器下贴上 3M 胶,必要时在两层 3M 泡沫胶中夹上"减振板",铁磁性的减振板会干扰磁力计读数,后者可以尝试降低 D 项滤波的截止频率)。

- 观察打舵响应的速度和舵量回中后飞机的回复速度。
- 各个方向(记得测试右前、左后等方向)大舵量突加输入并回中时是否会引起振荡。
  如有,尝试减小内环 P、D,也可能是由于右前等混控方向上的舵量太大造成。

（6）横滚和俯仰调好后就可以调整偏航的参数了。合适参数的判断标准和之前一样,打舵快速响应,舵量回中飞机立刻停止转动(参数 D 的作用)。

4.2　μC/OS-Ⅲ系统

本书采用了 μC/OS-Ⅲ 系统并重新梳理了代码,但对于大部分首次接触操作系统的人来说 μC/OS-Ⅲ 系统是陌生的。本节从 μC/OS-Ⅲ 操作系统的必要性、文件结构开始介绍,并通过一个典型应用抛砖引玉,毕竟真正掌握一个操作系统还需要系统的学习,读者可以参考"秉火"的"μC/OS-Ⅲ 应用开发指南——F429"文档,详细掌握其中的重要概念。

4.2.1　采用 μC/OS-Ⅲ 操作系统的必要性

一般程序基本结构为:

```
主程序
{
    {处理事务 1};
    {处理事务 2};
    {处理事务 3};
        …
    {处理事务 N};
}
中断服务程序
{
    {处理中断};
}
```

这是一个编程的基本框架,对于简单的控制系统是够用了,但这样的系统实时性是很差的,例如"事务 1"如果是一个用户输入的检测,当用户输入时,如果程序正在处理事务 1 下面的那些事务,那么这次用户输入将失效,用户的体验是"这个按键不灵敏,这个机器很慢",而如果把事务放到中断服务程序去处理,虽然改善了实时性,但会导致另外一个问题,有可能会引发中断丢失(某中断源发出中断信号,会先使一个中断标志被设置,注意,这个标志是1bit(位)。如果中断是被禁止的(关了中断),那么这个标志就会一直保持直到开中断后中断被响应,如果在关中断期间,该中断源发出了两次中断信号,由于中断标志只有 1bit,无法记住第 2 次中断,所以,第 2 次及以后的中断直到开中断之前,都"丢失"了),这个后果有时候比"慢一点"更加严重。又比如事务 2 是一个只需要 1s 处理一次的任务,那么显然事务 2 会白白浪费 CPU 的时间。

这时,可能需要改进编程思路,尝试采用"时间片"的方式。因此程序会变成下面的方式:

```
主程序
{
    {事务 1 的时间片到了则处理事务 1};
    {事务 2 的时间片到了则处理事务 2};
        …
    {事务 N 的时间片到了则处理事务 N};
}
时钟中断服务程序
{
    {判断每个事务的时间片是否到来,并进行标记};
}
中断服务程序
{
    {处理中断};
}
```

从上面的程序可以看到,这种改进后的思路使得事务的执行时间得到控制,事务只在自己的时间片到来后才会去执行。但我们也发现,这种方式仍然不能彻底解决"实时性"的问题,因为某个事务的时间片到来后,也不能立即就执行,它必须等到当前事务的时间片用完,并且后面的事务时间片没到来,它才有机会获得"执行时间"。

这时候需要继续改进思路,为了使得某个事务的时间片到来后能立即执行,需要在时钟中断代码服务程序判断完时间片后,改变程序的返回位置,让程序不返回到刚刚被打断的位置,而从最新获得了时间片的事务处开始执行,这样就彻底解决了事务的实时问题。

在这个思路上进行改进,需要在每次进入时钟中断前保存 CPU 的当前状态和当前事务用到的一些数据,然后进入时钟中断进行时间片处理,若发现有新的更紧急的事务的时间片到来时,则改变中断的返回地址,并在 CPU 中恢复这个更紧急的事务,保留现场,然后返回中断开始执行这个更紧急的事务。

要实现上述过程有些复杂和麻烦,这时候就需要找一个操作系统(OS)帮助做这些事,如果能用代码实现这个过程,事实上就是在写操作系统了,其实从这里也可以看出,操作系统的原理其实并不神秘,只是一些细节我们很难做好。μC/OS-Ⅲ 就是这样一个操作系统,它能帮助完成这些事情,而且是很优雅地完成!

到这里,终于知道了为什么我们需要 μC/OS-Ⅲ 了。"时间片轮询"仅仅是操作系统众多功能之一,事实上,μC/OS-Ⅲ 的用处远不止帮助完成"事务时间片的处理",它还能处理超时、管理内存、完成任务间通信等,有了它,程序的层次也更加清晰,给系统添加功能也更方便,这在大型项目中表现得越发明显。基于此,引入操作系统势在必行,另外使用 407 系列芯片也不适合采用内核过于复杂和较大的操作系统,μC/OS-Ⅲ 是比较适合的操作系统。

综上所述，μC/OS-Ⅲ是一个可升级的、可固化的、基于优先级的实时内核，它对任务的个数无限制。μC/OS-Ⅲ是第3代的系统内核，支持现代的实时内核所要求的大部分功能。例如资源管理、同步、任务间的通信等。而且，μC/OS-Ⅲ提供的特色功能在其他的实时内核中是找不到的，例如，完备的运行时间测量性能，直接发送信号或者消息到任务，任务可以同时等待多个内核对象等。

4.2.2　μC/OS-Ⅲ文件结构

μC/OS-Ⅲ主要有以下几类文件：配置文件、用户应用文件、内核服务文件、底层函数库、CPU移植文件、CPU配置文件、其他CPU相关文件。

（1）配置文件：通过定义这些文件里宏的值可以轻易地裁剪μC/OS-Ⅲ的功能。

常用的配置文件包括：

① cpu_cfg.h：定义CPU相关指令存在与否、CPU_NAME、时间戳、关中断时间测量等CPU相关配置；

② lib_cfg.h：用于库相关配置；

③ os_cfg.h：用于系统相关代码配置，这部分是拓展性的，例如可以配置是否裁剪定时器等内核对象的宏；

④ os_cfg_app.h：用于系统相关代码配置，这部分是需要设置的，如配置时钟节拍频率。

（2）用户应用文件：定义和声明应用任务。

① main.c或app.c：任务相关代码编写；

② app.h：任务相关声明、堆栈定义、优先级设置等。

（3）内核服务文件：其代码与CPU无关，可以不做任何修改移植到任何CPU上。

① os_cfg_app.c：系统任务的配置；

② os_type.h：内核对象的数据类型定义；

③ os_dbg.c：调试相关数据代码；

④ os_flag.c：事件标志组相关函数；

⑤ os_int.c：中断延迟相关函数；

⑥ os_mem.c：内存分区相关函数；

⑦ os_msg.c：消息相关函数；

⑧ os_mutex.c：二值信号量相关函数；

⑨ os_pend_multi.c：等待多个内核对象相关函数；

⑩ os_prio.c：优先级相关函数；

⑪ os_q.c：队列相关函数；

⑫ os_sem.c：多值信号量相关函数；

⑬ os_stat.c：统计信息相关函数；

⑭ os_task.c：任务相关函数；

⑮ os_tick.c：时钟节拍相关函数；

⑯ os_time.c：时间管理相关函数；

⑰ os_tmr.c：定时器相关函数；

⑱ os_var.c：变量定义相关函数；

⑲ os.h：相关数据结构类型定义；

⑳ os_core.c：整个 μC/OS-Ⅲ 相对比较底层的函数，供其他内核对象函数调用。

(4) 底层函数库：比如字符串的常规操作、常用的数学计算等。常用的几个库函数有 lib_ascii.c、lib_ascii.h、lib_def.h、lib_math.c、lib_math.h、lib_mem_a.asm、lib_mem.c、lib_mem.h、lib_str.c、lib_str.h。

(5) CPU 移植文件：用户如果想要移植 μC/OS-Ⅲ 到不同平台上，需要修改这部分代码。

① os_cpu_a.asm：CPU 相关的汇编函数定义和声明；

② os_cpu_c.c：CPU 相关 C 语言函数定义和声明；

③ os_cpu.h：CPU 相关配置及 os_cpu_c.c 相关函数声明。

(6) CPU 配置文件：主要是 CPU 的一些工作模式和服务函数。

① cpu_def.h：CPU 相关配置，如关闭中断的方式、堆栈增长方向、字长等；

② cpu_c.h：μC/OS-Ⅲ 封装好的 CPU 相关的 C 语言代码，如中断优先级设置；

③ cpu_a.asm：μC/OS-Ⅲ 封装好的 CPU 相关汇编语言代码，如关中断；

④ cpu_core.c：CPU 的初始化函数、CPU 名字、时间戳计算等重要函数；

⑤ cpu_core.h：CPU 核心配置、编译设置，以及 cpu_core.c 相关函数的声明。

(7) 其他 CPU 相关文件。

在 μC/OS-Ⅲ 中，可以创建无数多个任务，让这些任务并发运行，就好像有多个主函数在运行一样。在 μC/OS-Ⅲ 初始化的时候，至少会创建空闲任务 OS_IdleTask() 和时基任务 OS_TickTask() 这两个任务，另外还有三个可选择的内部任务，如软件定时器任务 OS_TmrTaks()、中断延迟提交任务 OS_IntQTask() 和统计任务 OS_StatTask()。

4.2.3 典型 μC/OS-Ⅲ 应用示例

采用 μC/OS-Ⅲ 操作系统并不是把以前的代码推翻全部重来，而是利用操作系统"并发"执行的特性，提高原有代码的执行效率。本节给出一个 STM32 的案例，读者可以有针对性地学习任务控制块、栈、时钟设置等重要内容，这样就可以直接使用 μC/OS-Ⅲ 系统了。本节以一个并发执行三个任务主程序的代码简单介绍它的架构。

(1) 变量定义。

(2) 任务控制块。

```
static   OS_TCB    AppTaskStartTCB;
static   OS_TCB    AppTaskRW1TCB;
static   OS_TCB    AppTaskRW2TCB;
static   OS_TCB    AppTaskRW3TCB;
```

（3）栈配置。

```
static   CPU_STK   AppTaskStartStk[APP_TASK_START_STK_SIZE];
static   CPU_STK   AppTaskRW1Stk [ APP_TASK_RW1_STK_SIZE ];
static   CPU_STK   AppTaskRW2Stk [ APP_TASK_RW2_STK_SIZE ];
static   CPU_STK   AppTaskRW3Stk [ APP_TASK_RW3_STK_SIZE ];
```

（4）函数定义。

```
static   void   AppTaskStart  (void * p_arg);
static   void   AppTaskRW1  ( void *  p_arg );
static   void   AppTaskRW2  ( void *  p_arg );
static   void   AppTaskRW3  ( void *  p_arg );
```

（5）主程序。

```
int   main (void)
{
    OS_ERR   err;
    OSInit(&err);
    OSTaskCreate((OS_TCB * )&AppTaskStartTCB,          /* 创建启动任务 */
                 (CPU_CHAR    * )"App Task Start",
                 (OS_TASK_PTR ) AppTaskStart,
                 (void        * ) 0,
                 (OS_PRIO     ) APP_TASK_START_PRIO,
                 (CPU_STK     * )&AppTaskStartStk[0],
                 (CPU_STK_SIZE) APP_TASK_START_STK_SIZE / 10,
                 (CPU_STK_SIZE) APP_TASK_START_STK_SIZE,
                 (OS_MSG_QTY  ) 5u,
                 (OS_TICK     ) 0u,
                 (void        * ) 0,
                 (OS_OPT      )(OS_OPT_TASK_STK_CHK │ OS_OPT_TASK_STK_CLR),
                 (OS_ERR      * )&err);
    OSStart(&err);                                       /* 开始任务 */
        }
```

（6）启动任务，当开始执行多任务时需要初始化。

```
static   void   AppTaskStart (void * p_arg)
{
    CPU_INT32U  cpu_clk_freq;
    CPU_INT32U  cnts;
    OS_ERR      err;
    (void)p_arg;
    BSP_Init();
    CPU_Init();
```

```
cpu_clk_freq = BSP_CPU_ClkFreq();
cnts = cpu_clk_freq / (CPU_INT32U)OSCfg_TickRate_Hz;
OS_CPU_SysTickInit(cnts);
Mem_Init();
# if OS_CFG_STAT_TASK_EN > 0u
OSStatTaskCPUUsageInit(&err);
 # endif
# ifdef CPU_CFG_INT_DIS_MEAS_EN
CPU_IntDisMeasMaxCurReset();
 # endif
OSTaskCreate((OS_TCB      * )&AppTaskRW1TCB,    /* 创建任务 1 */
             (CPU_CHAR    * )"App Task RW1",
             (OS_TASK_PTR ) AppTaskRW1,
             (void        * ) 0,
             (OS_PRIO     ) APP_TASK_RW1_PRIO,
             (CPU_STK     * )&AppTaskRW1Stk[0],
             (CPU_STK_SIZE) APP_TASK_RW1_STK_SIZE / 10,
             (CPU_STK_SIZE) APP_TASK_RW1_STK_SIZE,
             (OS_MSG_QTY  ) 5u,
             (OS_TICK     ) 0u,
             (void        * ) 0,
             (OS_OPT      )(OS_OPT_TASK_STK_CHK | OS_OPT_TASK_STK_CLR),
             (OS_ERR      * )&err);

OSTaskCreate((OS_TCB      * )&AppTaskRW2TCB,    /* 创建任务 2 */
             (CPU_CHAR    * )"App Task RW2",
             (OS_TASK_PTR ) AppTaskRW2,
             (void        * ) 0,
             (OS_PRIO     ) APP_TASK_RW2_PRIO,
             (CPU_STK     * )&AppTaskRW2Stk[0],
             (CPU_STK_SIZE) APP_TASK_RW2_STK_SIZE / 10,
             (CPU_STK_SIZE) APP_TASK_RW2_STK_SIZE,
             (OS_MSG_QTY  ) 5u,
             (OS_TICK     ) 0u,
             (void        * ) 0,
             (OS_OPT      )(OS_OPT_TASK_STK_CHK | OS_OPT_TASK_STK_CLR),
             (OS_ERR      * )&err);
OSTaskCreate((OS_TCB      * )&AppTaskRW3TCB,    /* 创建任务 3 */
             (CPU_CHAR    * )"App Task RW3",
             (OS_TASK_PTR ) AppTaskRW3,
             (void        * ) 0,
             (OS_PRIO     ) APP_TASK_RW3_PRIO,
             (CPU_STK     * )&AppTaskRW3Stk[0],
```

```
                      (CPU_STK_SIZE) APP_TASK_RW3_STK_SIZE / 10,
                      (CPU_STK_SIZE) APP_TASK_RW3_STK_SIZE,
                      (OS_MSG_QTY  ) 5u,
                      (OS_TICK    ) 0u,
                      (void       * ) 0,
                      (OS_OPT      )(OS_OPT_TASK_STK_CHK | OS_OPT_TASK_STK_CLR),
                      (OS_ERR     * )&err);
                    OSTaskDel ( & AppTaskStartTCB, & err );
          }
```

（7）具体任务定义。

```
static  void  AppTaskRW1 ( void * p_arg ) //RW1 任务
{
    OS_ERR  err;
    (void)p_arg;
    while (DEF_TRUE) {
            /* 具体功能代码 */
            macRW1_TOGGLE ();
            OSTimeDly ( 1000, OS_OPT_TIME_DLY, & err );
    }
}
static  void  AppTaskRW2 ( void * p_arg )            //RW2 任务
{
    OS_ERR  err;
    (void)p_arg;
    while (DEF_TRUE) {
      /* 具体功能代码 */
      macRW2_TOGGLE ();
      OSTimeDly ( 5000, OS_OPT_TIME_DLY, & err );
    }
}
static  void  AppTaskRW3 ( void * p_arg ) //RW3 任务
{
    OS_ERR    err;
    (void)p_arg;
    while (DEF_TRUE) {
    /* 具体功能代码 */
    macRW3_TOGGLE ();
    OSTimeDly ( 10000, OS_OPT_TIME_DLY, & err );
    }
}
```

4.3　主控程序初始化设置及说明

本书软件运行平台如图 4-6 所示,软件使用版本为 MDK5.11,所有代码均是在此平台上调试运行,软件运行窗口如图 4-7 所示。

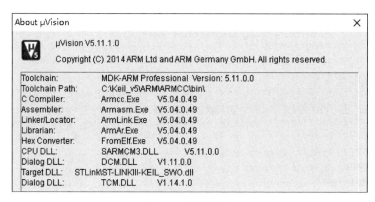

图 4-6　软件版本

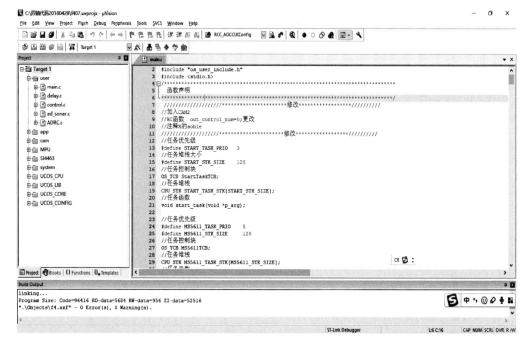

图 4-7　核心板软件运行窗口

该软件主要参数设置方法如图 4-8 所示。

在图 4-8 中,重点要注意:

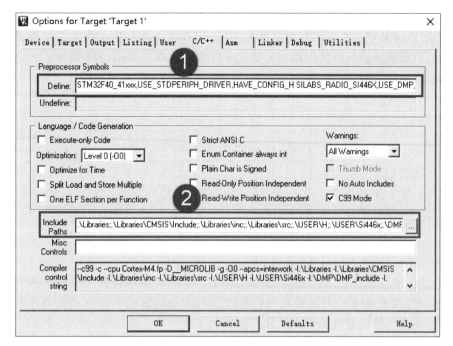

图 4-8　软件设置

（1）Preprocessor Symbols 需要手动输入：

STM32F40_41xxx, USE_STDPERIPH_DRIVER, HAVE_CONFIG_H SILABS_RADIO_SI446X, USE_DMP, MPL_LOG_
NDEBUG = 1, EMPL, MPU9250, EMPL_TARGET_STM32F4

（2）软件头文件的引用路径可根据实际情况添加，如图 4-9 所示。

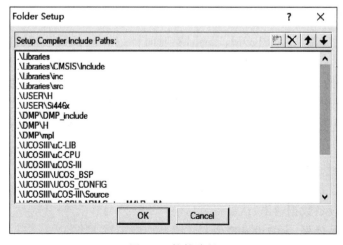

图 4-9　软件路径

从软件运行图的 Project 栏可以看出,四旋翼飞行器设计的代码量还是比较大的,对于 STM32 初学者还是要花一定的时间掌握它,软件中各个功能模块采用子程序完成,便于阅读和维护。下面具体讲解软件的编程方法。主控板主流程图如图 4-10 所示。

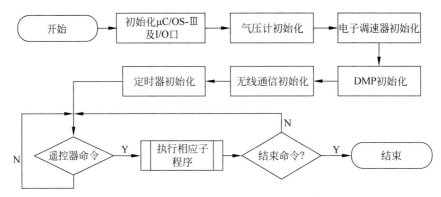

图 4-10   主控板主流程图

4.1 和 4.2 节给出了一些四旋翼飞行器设计时需要掌握的知识点和重点注意的问题,从本节开始结合具体的软件编程介绍软件设计的实现方法。四旋翼飞行器设计核心是飞控板,本书采用 STM32F4 系列的微控制器。

STM32F4 系列是意法半导体集团基于 Cortext-M4 核心构架的一款 32 位单片机,其主频达到 168MHz,并集成了单周期 DSP 指令和 FPU(浮点单元),提升了计算能力,可以进行一些复杂的计算和控制。这里使用 STM32F4 系列的 STM32F407VET6 芯片,其自带 512KB Flash 与 192SRAM,12 位 AD/DA 发生器 3xSPI,3xUSART,2xUART,2xI2S,3xIIC,1xFSMC,1xSDIO,2xCAN,本书要使用其硬件 SPI 与 IIC 功能。

4.3.1   SPI 的 I/O 口初始化实现

SPI 接口主要应用在 EEPROM、Flash、实时时钟、AD 转换器,以及数字信号处理器和数字信号解码器之间。SPI 是一种高速的、全双工、同步的通信总线,并且在芯片的引脚上只占用四根线,节约了芯片的引脚,同时为 PCB 的布局节省空间,提供方便。正是出于这种简单易用的特性,现在越来越多的芯片集成了这种通信协议。

在四旋翼飞行器设计中,SI4463 芯片的通信模式采用的是 SPI 总线方式,下面介绍 SPI 的 I/O 初始化方法。

SPI 接口一般使用 4 条线通信:
- MISO 主设备数据输入,从设备数据输出;
- MOSI 主设备数据输出,从设备数据输入;
- SCLK 时钟信号,由主设备产生;
- CS 从设备片选信号,由主设备控制。

STM32F4 的 SPI 功能很强大,SPI 时钟最高可以到 37.5MHz,支持 DMA,可以配置为

SPI 协议或者 I2S 协议（支持全双工 I2S）。

1. 使能 SPI1 时钟和相关 I/O 口时钟

```
RCC_APB2PeriphClockCmd(RCC_APB2Periph_SPI1,ENABLE);
RCC_AHB1PeriphClockCmd(RCC_AHB1Periph_GPIOA,ENABLE);
```

2. 初始化相应 I/O 引脚并复用引脚为 SPI1 引脚

（1）选择 SPI 相关引脚。

```
GPIO_InitStructure.GPIO_Pin = SPIX_PIN_SCK|SPIX_PIN_MISO|SPIX_PIN_MOSI;
```

（2）设置 I/O 口时钟为 100MHz。

```
GPIO_InitStructure.GPIO_Speed = GPIO_Speed_100MHz;
```

（3）将 I/O 口设为复用模式。

```
GPIO_InitStructure.GPIO_Mode = GPIO_Mode_AF;
```

（4）复用推挽输出模式。

```
GPIO_InitStructure.GPIO_OType = GPIO_OType_PP;
```

（5）设置上拉电阻连接。

```
GPIO_InitStructure.GPIO_PuPd = GPIO_PuPd_UP;
```

（6）初始化 GPIOA 相关引脚。

```
GPIO_Init(GPIOA,&GPIO_InitStructure);
```

（7）设置 SPI 相关引脚复用映射。

```
GPIO_PinAFConfig(GPIOA,GPIO_PinSource5,GPIO_AF_SPI1);
GPIO_PinAFConfig(GPIOA,GPIO_PinSource6,GPIO_AF_SPI1);
GPIO_PinAFConfig(GPIOA,GPIO_PinSource7,GPIO_AF_SPI1);
```

3. 初始化 STM32F4 硬件 SPI1

（1）设置 SPI 为双线双向全双工。

```
SPI_InitStructure.SPI_Direction = SPI_Direction_2Lines_FullDuplex;
```

（2）设置为主 SPI 模式。

```
SPI_InitStructure.SPI_Mode = SPI_Mode_Master;
```

（3）每次发送/接收 8 位数据。

```
SPI_InitStructure.SPI_DataSize = SPI_DataSize_8b;
```

（4）空闲状态下时钟为低。

```
SPI_InitStructure.SPI_CPOL = SPI_CPOL_Low;
```

（5）数据捕获于第一个时钟沿。

```
SPI_InitStructure.SPI_CPHA = SPI_CPHA_1Edge;
```

（6）NSS 由软件控制。

```
SPI_InitStructure.SPI_NSS = SPI_NSS_Soft;
```

（7）波特率预分频值为 16。

```
SPI_InitStructure.SPI_BaudRatePrescaler = SPI_BaudRatePrescaler_16;
```

（8）传输从最高位开始。

```
SPI_InitStructure.SPI_FirstBit = SPI_FirstBit_MSB;
```

（9）设置 CRC 校验多项式，提高通信可靠性。

```
SPI_InitStructure.SPI_CRCPolynomial = 7;
```

（10）初始化 SPI1。

```
SPI_Init(SPI1,&SPI_InitStructure);
```

（11）使能 SPI1 时钟。

```
SPI_Cmd(SPI1,ENABLE);
```

4.3.2 IIC 的 I/O 口初始化实现

IIC 总线协议是由飞利浦公司开发的两线式串行总线，用于连接微控制器及其外围设备，是微电子通信控制领域广泛采用的一种总线标准。它是同步通信的一种特殊形式，具有接口线少、控制方式简单、器件封装形式小、通信速率较高等优点。

在四旋翼飞行器上，使用 IIC 协议与姿态模块 MPU9250 及气压计 MS5611 通信。

1. 使能 IIC2 和相关 GPIO 引脚的时钟

```
RCC_APB1PeriphClockCmd(RCC_APB1Periph_IIC2,ENABLE);
RCC_AHB1PeriphClockCmd(RCC_AHB1Periph_GPIOB,ENABLE);
```

2. 初始化相应 I/O 引脚并复用引脚为 IIC2 引脚

（1）选择 SPI 相关引脚。

```
GPIO_InitStructure.GPIO_Pin = GPIO_Pin_10|GPIO_Pin_11;
```

（2）将 I/O 口设为复用模式。

```
GPIO_InitStructure.GPIO_Mode = GPIO_Mode_AF;
```

（3）设置 I/O 口时钟为 100MHz。

```
GPIO_InitStructure.GPIO_Speed = GPIO_Speed_100MHz;
```

（4）复用开漏输出模式。

```
GPIO_InitStructure.GPIO_OType = GPIO_OType_OD;
```

（5）无上拉或下拉电阻。

```
GPIO_InitStructure.GPIO_PuPd = GPIO_PuPd_NOPULL;
```

（6）初始化 GPIO 引脚。

```
GPIO_Init(GPIOB,&GPIO_InitStructure);
```

（7）设置 SPI 相关引脚复用映射。

```
GPIO_PinAFConfig(GPIOB,GPIO_PinSource10,GPIO_AF_IIC2);
GPIO_PinAFConfig(GPIOB,GPIO_PinSource11,GPIO_AF_IIC2);
```

3. 初始化 STM32F4 硬件 IIC

（1）设置模式为 IIC 模式。

```
IIC_InitStructure.IIC_Mode = IIC_Mode_IIC;
```

（2）低电平持续时间是高电平的两倍。

```
IIC_InitStructure.IIC_DutyCycle = IIC_DutyCycle_2;
```

（3）STM32F4 的 IIC 自身地址作为主设备时设置为 0 即可。

```
IIC_InitStructure.IIC_OwnAddress1 = IIC_OWN_ADDRESS;
```

（4）开启 IIC 应答。

```
IIC_InitStructure.IIC_Ack = IIC_Ack_Enable;
```

（5）应答为 7 位地址。

```
IIC_InitStructure.IIC_AcknowledgedAddress = IIC_AcknowledgedAddress_7b;
```

（6）设置 IIC 频率为 400kHz。

```
IIC_InitStructure.IIC_ClockSpeed = 400000;
```

（7）初始化 IIC。

```
IIC_Init(SENSORS_IIC,&IIC_InitStructure);
```

(8) 使能 IIC 时钟。

```
IIC_Cmd(SENSORS_IIC,ENABLE);
```

至此,已经将 STM32F4 的硬件 SPI 和 IIC 初始化完毕。

4.3.3 定时器初始化实现

姿态模块 MPU9250 控制和气压计 MS5611 的数据读取需要使用定时器的功能。由于 MPU9250 的输出速率为 200Hz,所以在这里设置定时器为 5ms 产生一次中断。对于气压计需要 10ms 进行一次数据的转换或读取,只需要进入 2 次定时器中断程序后运行气压计的读取处理程序即可。

具体初始化程序如下:

(1) 使能 TIM3 定时器时钟。

```
RCC_APB1PeriphClockCmd(RCC_APB1Periph_TIM3,ENABLE);
```

(2) 设置自动重装载值。

```
TIM_TimeBaseInitStructure.TIM_Period = 4999;
```

(3) 设置时钟预分频系数。

```
TIM_TimeBaseInitStructure.TIM_Prescaler = 83; 5ms
```

(4) 设置为向上计算模式。

```
TIM_TimeBaseInitStructure.TIM_CounterMode = TIM_CounterMode_Up;
```

(5) 设置时钟分频因子。

```
TIM_TimeBaseInitStructure.TIM_ClockDivision = TIM_CKD_DIV1;
```

(6) 初始化定时器 3。

```
TIM_TimeBaseInit(TIM3,&TIM_TimeBaseInitStructure);
```

(7) 打开定时器 3 中断。

```
TIM_ITConfig(TIM3,TIM_IT_Update,ENABLE);
```

(8) 使能定时器 3 时钟。

```
TIM_Cmd(TIM3,ENABLE);
```

(9) 开启定时器 3 中断通道和设置其响应抢占优先级。

```
NVIC_InitStructure.NVIC_IRQChannel = TIM3_IRQn;
NVIC_InitStructure.NVIC_IRQChannelPreemptionPriority = 0;
NVIC_InitStructure.NVIC_IRQChannelSubPriority = 0;
```

```
NVIC_InitStructure.NVIC_IRQChannelCmd = ENABLE;
NVIC_Init(&NVIC_InitStructure);
```

如何确定定时器的中断时间呢？当 TIM_ClockDivision 设置为 TIM_CKD_DIV1 时，此时输入时钟频率为 84MHz，而 TIM_Period 和 TIM_Prescaler 的值执行时库函数会将其自动加 1，所以其真值为 5000 和 84，进而中断时间为 5000 * 84/84 000 000（84MHz）＝0.005s，正好等于 5ms。至此，定时器初始化完毕。

4.3.4　电子调速器初始化实现

电子调速器（电调）全称为航模无刷电子调速器，可以通过单片机输出 PWM 信号来控制无刷电机的速度。其本质是输入 7～20V 的直流电将其逆变为三相交流电并通过输入 PWM 信号进而来控制无刷电机的转速。

PWM 全称是脉冲宽度调制，通过单片机产生不同周期不同占空比的 PWM 方波来进行控制。用 PWM 信号与电调进行通信时要求最大频率不能超过 500Hz，也就是周期最小不能超过 2ms，在已经确定的周期下，标准的油门信号从最小到最大的 PWM 脉冲高电平持续时间为 1～2ms。

下面通过一个实例让大家更直观地了解电子调速器的初始化。设计一个周期为 2.5ms、最小油门高电平持续时间为 1ms、最大油门高电平持续时间为 2ms 的 4 路 PWM 输出。

1. 使能定时器 4 与相应 PWM 输出引脚

```
RCC_APB1PeriphClockCmd(RCC_APB1Periph_TIM4,ENABLE);
RCC_AHB1PeriphClockCmd(RCC_AHB1Periph_GPIOB,ENABLE);
```

2. 将相关引脚初始化为复用推挽输出

```
GPIO_InitStructure.GPIO_Pin = GPIO_Pin_6|GPIO_Pin_7|GPIO_Pin_8|GPIO_Pin_9;
GPIO_InitStructure.GPIO_Mode = GPIO_Mode_AF;
GPIO_InitStructure.GPIO_Speed = GPIO_Speed_100MHz;
GPIO_InitStructure.GPIO_OType = GPIO_OType_PP;
GPIO_InitStructure.GPIO_PuPd = GPIO_PuPd_UP;
GPIO_Init(GPIOB,&GPIO_InitStructure);
```

3. 对产生 PWM 脉冲所用到的定时器 4 进行初始化

```
TIM_TimeBaseStructure.TIM_Period = 2499;
TIM_TimeBaseStructure.TIM_Prescaler = 83; //400Hz
TIM_TimeBaseStructure.TIM_ClockDivision = TIM_CKD_DIV1;
TIM_TimeBaseStructure.TIM_CounterMode = TIM_CounterMode_Up;
TIM_TimeBaseInit(TIM4,&TIM_TimeBaseStructure);
```

通过上面的定时器介绍可以看出这是一个周期为 2.5ms、频率为 400Hz 的定时器。

4．PWM 初始化

（1）设置为 PWM1 模式。

```
TIM_OCInitStructure.TIM_OCMode = TIM_OCMode_PWM1;
```

（2）设置为比较输出使能。

```
TIM_OCInitStructure.TIM_OutputState = TIM_OutputState_Enable;
```

（3）设置此时的高电平持续时间为 1ms。

```
TIM_OCInitStructure.TIM_Pulse = 1000;
```

（4）当定时器的值小于 TIM_Pulse(1000)时输出高电平。

```
TIM_OCInitStructure.TIM_OCPolarity = TIM_OCPolarity_High;
```

（5）初始化定时器 4 的 PWM 设置。

```
TIM_OC1Init(TIM4,&TIM_OCInitStructure);
```

（6）初始化定时器 4 的 PWM 引脚 1。

```
TIM_OC1PreloadConfig(TIM4,TIM_OCPreload_Enable);
```

（7）初始化定时器 4 的 PWM 引脚 2。

```
TIM_OC2Init(TIM4,&TIM_OCInitStructure);
TIM_OC2PreloadConfig(TIM4,TIM_OCPreload_Enable);
```

（8）初始化定时器 4 的 PWM 引脚 3。

```
TIM_OC3Init(TIM4,&TIM_OCInitStructure);
TIM_OC3PreloadConfig(TIM4,TIM_OCPreload_Enable);
```

（9）初始化定时器 4 的 PWM 引脚 4。

```
TIM_OC4Init(TIM4,&TIM_OCInitStructure);
TIM_OC4PreloadConfig(TIM4,TIM_OCPreload_Enable);
```

（10）使能定时器 4。

```
TIM_Cmd(TIM4,ENABLE);
```

至此对 PWM 的初始化就完成了。下面介绍用 PWM 与电调进行通信。本书所使用的电调为好盈公司专为多旋翼飞行器设计的 XRotor 系列，其稳定、可靠、兼容性好，无须复杂的协议即可进行通信。

5．对于第一次使用要对电调进行油门行程校准

（1）开启电源并将 4 个 PWM 引脚的油门信号设置为最大。

```
TIM_SetCompare1(TIM4,2000);
TIM_SetCompare2(TIM4,2000);
```

```
TIM_SetCompare3(TIM4,2000);
TIM_SetCompare4(TIM4,2000);
```

（2）然后延时 2s，将 4 个 PWM 引脚的油门信号设置为最小。

```
TIM_SetCompare1(TIM4,1000);
TIM_SetCompare2(TIM4,1000);
TIM_SetCompare3(TIM4,1000);
TIM_SetCompare4(TIM4,1000);
```

（3）至此电调油门行程校准完成，如校准成功，将听到两声"哔，哔"短鸣声。

（4）正常启动电调时，需开启电源并将 4 个 PWM 引脚的油门信号设置为最小。

```
TIM_SetCompare1(TIM4,1000);
TIM_SetCompare2(TIM4,1000);
TIM_SetCompare3(TIM4,1000);
TIM_SetCompare4(TIM4,1000);
```

（5）然后延时 2s 即可。

```
delay_ms(1000);
delay_ms(1000);
```

4.4　姿态传感器软件设计

4.4.1　软件设计基本思路

四旋翼飞行器的升力由 4 个电机带动桨叶转动提供，而升力的大小与无刷电机转动的快慢成正比，但不是绝对的线性关系，这时会出现的问题是：4 个同一品牌同一型号使用同一规格桨叶的无刷电机在相同转速下升力肯定不会一样，会有微小的偏差，如果四旋翼飞行器以这样的状态飞行，随着偏差的积累最终会超过一定倾斜角度失控坠机。

通过纯粹的机械结构不能使四轴稳定地飞起来，还要有姿态模块和 MCU 构成的飞控来实时调节四旋翼飞行器自身或外界造成的微小偏差，即使有外界微小的干扰也能保障四旋翼飞行器时时刻刻处于稳定的飞行状态中，这就是姿态传感器的重要作用。

姿态模块本书使用 Invensense 公司的消费级陀螺仪传感器，如 6 轴系列的 MPU6050、MPU6500，9 轴系列的 MPU9150、MPU9250、MPU9255 等。对于陀螺仪传感器会包括基础的 3 轴(X,Y,Z)角速度数据、3 轴加速度数据，这时称其为可输出 6 轴数据的传感器模块；而一些新生产的传感器还会输出 3 轴地磁数据，称其为可输出 9 轴数据的传感器；如果在 9 轴传感器外再额外加上气压计芯片获取高度，这就构成了 10 轴传感器模块。

有了姿态模块输出角速度、加速度、地磁数据后，就能通过算法计算出四轴相对于地心坐标系偏差的角度，以及此时偏差的速度大小（角速度）。对于姿态计算可以使用 AHRS（航姿参考系统）和 IMU（惯性测量单元）算法。AHRS 由加速度计、磁场计和陀螺仪构成，

AHRS 的真正参考来自于地球的重力场和地球的磁场,它的静态精度取决于对磁场的测量精度和对重力的测量精度,而陀螺则决定了它的动态性能。AHRS 是一种相对广泛使用的算法,其优点是使用多种数据进行融合保障了数据的准确性;其缺点是太过于依赖地磁数据进行融合。磁场传感器一旦受到感染,数据融合就出错,后果是很严重的。对于 IMU,则放弃了地磁数据单纯地用角速度计算出角度,事实证明,当四轴处于惯性参考系中飞行效果和 AHRS 相差甚微,而当四轴突然加速或减速时,此时机体处于非惯性参考系下,加速度计数据短暂失真,表现在四旋翼上会发生振荡现象。

由于本身使用的传感器都是消费级传感器,温漂误差很大,无法和工业级乃至军工级相比,不过想让四轴飞上蓝天还是得心应手的。

上述的 AHRS 和 IMU 算法属于软件结算姿态,需要对原始数据进行滤波处理,还要微处理器花费时间进行运算。下面介绍使用 MPU9250 传感器内部的 DMP 系统进行硬件姿态解算。

4.4.2 DMP

DMP 是指 MPU9250 内部集成的处理单元,可以直接运算出四元数和姿态,而不再需要另外进行数学运算。DMP 的使用大大简化了四轴的代码设计量。DMP 是数字运动处理器的缩写,顾名思义,MPU9250 并不单单是一款传感器,其内部还包含了可以独立完成姿态解算算法的处理单元。在设计中使用 DMP 来实现传感器融合算法优势很明显。首先,Invensense 官方提供的姿态解算算法对绝大部分初学者来说比较可靠;其次,由 DMP 实现姿态解算算法将微处理器从算法处理的压力中解放出来,微处理器所要做的是等待 DMP解算完成后产生外部中断,在外部中断里去读取姿态解算的结果。这样,单片机有大量的时间来处理诸如电机调速等其他任务,提高了系统的实时性。

DMP 是一种快速、低功耗、可编程、嵌入式的轻量级处理器。DMP 有许多特性,这些特性在运行时动态地关闭和开启,单独的某个特性也能被禁止使用。除了计步器,DMP 的所有数据输出到 FIFO 寄存器中。

3 轴低功率四元数:陀螺仪只有四元数。这个功能启用时将整合陀螺仪数据以 200Hz 输出,传感器融合数据根据用户的请求速度传输到 FIFO。这 200Hz 数据会融合更精确的传感器数据。如果启用了这个功能,驱动程序将使用硬件四元数的 MPL 库,MPL 库还集成了加速度和地磁数据处理。

6 轴低功率四元数:陀螺仪和加速度四元数。与 3 轴低功率四元数类似,根据用户请求的速率,以 200Hz 采样率把陀螺仪和加速度的数据输出到 FIFO。3 轴低功率四元数和 6 轴低功率四元数不能同时运行。如果启用了六轴,四元数会由 MPL 产生。

位置手势识别:用该传感器检测到各个方向的变化,方向矩阵相互依赖。

点击手势识别:设备的全方位点检测,这个特性使用户知道检测到的是轴正向还是反向的一个点,最多能检测 4 个,API 继续配置这个特性的门限、死区时间和点数。

计步器手势识别:简单的计步器提供步数和时间戳。这个特性是自动启用但不触发,直到发现有 5s 的连续步骤。后 5s 计数和时间戳和数据将开始可以从 DMP 的寄存器中读取。

DMP 中断：中断时可以配置为生成传感器数据准备好了，当检测到一个方向姿态或者分向姿态时。

MPL：6.12 版本的二进制库包含了 Invensense 公司传感器融合和动态校正的所有算法，它把传感器的数据送入 MPL，MPL 处理包含罗盘数据在内的 9 轴传感器的数据。MPL 所有的功能在配置之前要先启动 MPL 库，在 MPL 内部可以通过 API 动态地开启和关闭。

1. 涉及算法

DMP 主要涉及算法如表 4-1 所示。

表 4-1　DMP 涉及算法

算　　法	说　　明
陀螺仪标定	正常是实时标定，一旦检测到陀螺仪标定没有运动状态就会被触发，标定会在没有运动状态检测的 5s 之内完成
陀螺仪温度补偿	在每次陀螺仪标定之后，MPL 会记录内部的温度，之后采集多点的温度数据 MPL 能建立一条陀螺仪的多点温度曲线，用它可以校正偏差，根据陀螺仪的温度漂移进行补偿
电子罗盘校正	MPU9150 和 MPU9250 用实时运行硬铁指南针校准，MPL 读取和构建磁场周围环境的数据，一旦获取了足够的电子罗盘的补偿数据，就生成 9 轴的四元数。如果环境不能获取到周围环境的磁场数据，那么四元数仅仅是 6 轴的
磁场干扰抑制	在补偿之后，MPL 库会继续跟踪磁场，如果检测到反常状态，MPL 库就会抑制电子罗盘数据且改为 6 轴融合。 当检测到有磁场干扰时，MPL 库会每 5s 检测电子罗盘数据；如果检测不到干扰了，它会返回 9 轴融合的数据
3 轴融合	陀螺仪角度四元数
6 轴融合	陀螺仪角度、加速度四元数
9 轴融合	陀螺仪角度、加速度、电子罗盘四元数

2. 传感器数据

四元数数据可以获取多种类型的数据，主要提供了以下传感器数据，分别是：

- 电子罗盘：在每个轴上微特斯拉的磁场数据。
- 陀螺仪：°/s，X,Y,Z 轴旋转加速度数据。
- 加速度：X,Y,Z 轴的线性加速度数据。
- 起始点：360°从以 Y 轴正方向为指针的北侧。
- 旋转矩阵：表示线性代数的 9 个元素矩阵。
- 欧拉角：参考帧度的 Pitch,Roll 和 Yaw。
- 四元数：传感器融合 w,x,y,z 的旋转角度。
- 线性加速度：线性加速坐标系坐标。

- 重力向量：访问重力影响。

3. Invensense MD6.12 驱动层（core\driver\eMPL）包含文件

所包含的文件如下。

- inv_mpu.c：该驱动很容易移植到不同的嵌入式系统平台。
- inv_mpu.h_InvenSense：驱动架构和原型。
- inv_mpu_dmp_motion_driver.c-dmp：映像和 API 的加载以及 DMP 的配置代码。
- inv_mpu_dmp_motion_driver.h-DMP：特性的定义和原型。
- dmpKey.h：特性的 DMP 存储器位置。
- dmpmap.h：DMP 存储器位置。

通过 IIC 实现读/写功能，用户需要提供 API 支持 IIC 读/写功能、系统时钟访问、硬件中断回调并记录相应的平台。inv_mpu.c 和 inv_mpu_dmp_motion_driver.c 代码中有定义，如 32 平台：

```
#define i2c_write        Sensors_IIC_WriteRegister
#define i2c_read         Sensors_IIC_ReadRegister
#define delay_ms         mdelay
#define get_ms           get_tick_count
#define log_i            MPL_LOGI
#define log_e            MPL_LOGE
```

- i2c_write 和 i2c_read：需要关联 IIC 驱动，实现 IIC 的功能需要配置以下 4 个参数。

```
unsigned char slave_addr
unsigned char reg_addr
unsigned char length
unsigned char * data
```

- delay_ms：ms 延时(unsigned long)。
- get_ms：主要获取当前的时间戳，这个函数主要用于电子罗盘调度器和传感器融合数据等其他信息。
- log_i 和 log_e：MPL 的消息传递系统可以登录信息或错误消息。通过 USB 或 UART 实现当前数据包的消息的接收或发送。日志代码位于 log_stm32l.c 中。

4. eMPL-HAL 目录包含从 MPL 库中获取各类数据的 API

用户可以通过以下函数获取：

- int inv_get_sensor_type_accel(long * data, int8_t * accuracy, inv_time_t * timestamp);
- int inv_get_sensor_type_gyro(long * data, int8_t * accuracy, inv_time_t * timestamp);
- int inv_get_sensor_type_compass(long * data, int8_t * accuracy, inv_time_t * timestamp);

- int inv_get_sensor_type_quat(long * data，int8_t * accuracy，inv_time_t * timestamp)；
- int inv_get_sensor_type_euler(long * data，int8_t * accuracy，inv_time_t * timestamp)；
- int inv_get_sensor_type_rot_mat(long * data，int8_t * accuracy，inv_time_t * timestamp)；
- int inv_get_sensor_type_heading(long * data，int8_t * accuracy，inv_time_t * timestamp)；
- int inv_get_sensor_type_linear_acceleration(float * values，int8_t * accuracy，inv_time_t * timestamp)。

5. 初始化 API

上电之后 MPU 得到传感器的默认值数据，inv_mpu.c 提供了初始化微处理器等一些基本配置，如传感器开启、设置标度范围、采样率等。

- int mpu_init(struct int_param_s * int_param)；
- int mpu_set_gyro_fsr(unsigned short fsr)；
- int mpu_set_accel_fsr(unsigned char fsr)；
- int mpu_set_lpf(unsigned short lpf)；
- int mpu_set_sample_rate(unsigned short rate)；
- int mpu_set_compass_sample_rate(unsigned short rate)；
- int mpu_configure_fifo(unsigned char sensors)；
- int mpu_set_sensors(unsigned char sensors)。

6. 方向矩阵

MPU 需要定义方向矩阵，方向矩阵将重新配置物理硬件传感器轴设备坐标。一个错误的配置会让从传感器得到的数据的结果不准确。方向矩阵转换图如图 4-11 所示。

矩阵送入 MPL 库和 DMP 实现融合计算程序如下。

```
struct platform_data_s {
signed char orientation[9];
};
/*传感器可以安装在板上任一方向,矩阵能识别 MPL 如何旋转驱动程序的原始数据*/
static struct platform_data_s gyro_pdata = {
.orientation = {-1,  0,  0,
0,  -1,  0,
0,   0,  1}
};
static struct platform_data_s compass_pdata = {
#ifdef MPU9150_IS_ACTUALLY_AN_MPU6050_WITH_AK8975_ON_SECONDARY
.orientation = {-1,  0,  0,
0,  1,   0,
```

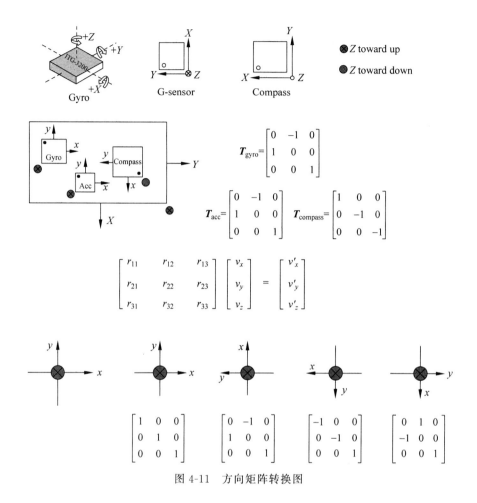

图 4-11   方向矩阵转换图

```
0,  0,  -1}
#else
.orientation = { 0,  1,  0,
1,  0,   0,
0,  0,  -1}
#endif
}
```

7. 中断处理

MPU 有一个中断输出引脚,中断可以通过编程生成,在 FIFO 输出速度或 DMP 生成。一般情况下,当 FIFO 中有可以使用的新传感器数据时将产生中断,或 DMP 也被编程来生成一个中断,或当检测到一个手势时产生中断。

如果使用 MD6.12 引用的例子,当一个传感器数据生成中断时,中断程序设置是一个全局标识 new_gyro 为 1,在主循环将会知道有一个新的传感器数据处理。

API 相关中断函数:

```
int dmp_set_interrupt_mode(unsigned char mode)
static int set_int_enable(unsigned char enable)
```

8. DMP 初始化

DMP 固件代码 3KB 映像在 static const unsigned char dmp_memory[DMP_CODE_SIZE]能看到,映像需要下载到 DMP 存储扇区中,下载所需的起始地址,开启 DMP 使能状态,DMP 初始化相关的几个主要 API 如下。

```
int dmp_load_motion_driver_firmware(void)
int dmp_set_fifo_rate(unsigned short rate)
int mpu_set_dmp_state(unsigned char enable)
```

9. DMP 特性

DMP 特性有许多功能,这些函数可以动态地启用和禁用。主要的 API 为:

```
int dmp_enable_feature(unsigned char mask);
```

上面这个函数需要掩码(unsigned char mask)和索引到正确的 DMP 固件的内存地址来启用和禁用功能,主要有:

```
#define DMP_FEATURE_TAP
#define DMP_FEATURE_ANDROID_ORIENT
#define DMP_FEATURE_LP_QUAT
#define DMP_FEATURE_PEDOMETER
#define DMP_FEATURE_6X_LP_QUAT
#define DMP_FEATURE_GYRO_CAL
#define DMP_FEATURE_SEND_RAW_ACCEL
#define DMP_FEATURE_SEND_RAW_GYRO
#define DMP_FEATURE_SEND_CAL_GYRO
```

10. DMP FIFO 输出

当指定的特性使能 DMP 把数据写入 FIFO,MD6.12 驱动会等待 DMP 产生中断,然后得到 FIFO 的内容。FIFO 格式取决于哪个 DMP 特性被启用。DMP FIFO 的输出格式中可以通过 API 函数看到。

```
int dmp_read_fifo(short * gyro, short * accel, long * quat,unsigned long * timestamp, short *
sensors, unsigned char * more);
```

11. 校准数据和存储

校准数据包含的信息来自受温漂影响 MPU 的陀螺仪、加速度和磁力计。MPL 执行过程中使用该数据来改善 MPL 返回结果的准确性。校准数据可能随时间、环境、温度变化缓慢,所以 Invensense 提供了几个传感器校准算法将不断校准传感器。

(1)工厂的线性校准。

自检后返回的陀螺仪和加速度的偏差能用来作为出厂校准,通过 HAL 保存用来校准传感器的性能,该偏差也能够被存入硬件偏移寄存器或 MPL 库。

（2）保存装载校准数据。

校准的数据不能被 MPL 库自动地产生、装载与存储,偏差计算和应用后,断电会丢失,因此 InvenSense 提供了 API 函数,可以校准数据的保存和装载。用户用这些函数把数据存储到寄存器中,这样当重新上电后可继续使用数据。

```
inv_error_t inv_save_mpl_states(unsigned char * data, size_t sz)
inv_error_t inv_load_mpl_states(const unsigned char * data, size_t length)
```

4.4.3　代码实现及解析

对于 DMP 功能在 Invensence 官方网站上有适用于 KEIL 及 IAR 等编译软件的代码库,只需将这个代码库下载,然后阅读其用户操作手册,将一些必要的.C 和.H 文件及.LIB 库文件添加到工程中后调用即可。目前 DMP 已经更新版本,可实现 9 轴融合的数据输出。下面是 DMP 的初始化代码。

1. 对 MPU 模块进行初始化

```
mpu_init(&int_param);
```

2. 对 MPL 模块进行初始化

```
inv_init_mpl();
```

3. 设置传感器基础输出

```
mpu_set_sensors(INV_XYZ_GYRO | INV_XYZ_ACCEL | INV_XYZ_COMPASS);
```

4. 设置传感器基础输出速率

```
mpu_set_sample_rate(400);
```

5. 使能四元数输出

```
inv_enable_quaternion();
```

6. 使能 9 轴数据输出

```
inv_enable_9x_sensor_fusion();
```

7. 使能地磁数据校准

```
inv_enable_vector_compass_cal();
```

8. 使能快速静止校准（如果 500ms 无运动则进行一次数据校准）

```
inv_enable_fast_nomot();
```

9. 使能陀螺仪校准

```
inv_enable_gyro_tc();
```

10. 磁场受到干扰时不使用地磁数据

```
inv_enable_magnetic_disturbance();
```

11. 运行时保持自动校准

```
inv_enable_in_use_auto_calibration();
```

12. 开启上述属于 MP 模块中各功能

```
inv_start_mpl();
```

13. 家族 DMP 驱动代码

```
dmp_load_motion_driver_firmware();
```

14. 设置 DMP 方向矩阵（无须更改，默认即可）

```
dmp_set_orientation(inv_orientation_matrix_to_scalar(gyro_or));
```

15. 使能的 DMP 功能

```
dmp_enable_feature(DMP_FEATURE_6X_LP_QUAT|DMP_FEATURE_SEND_RAW_ACCEL|DMP_FEATURE_SEND_CAL_GYRO);
```

16. 设置 DMP 输出速率（最大为 200Hz）

```
dmp_set_fifo_rate(200);
```

17. 8s 后进行一次准确的校准

```
dmp_enable_gyro_cal(1);
```

18. 开启 DMP 功能

```
mpu_set_dmp_state(1);
```

19. 设置 DMP 中断引脚持续工作

```
dmp_set_interrupt_mode(DMP_INT_CONTINUOUS);
```

至此 DMP 的初始化就完成了，由于设置的数据输出速率为 200Hz，所以需要每隔 5ms 进行一次数据的读取与处理。这里可以有两种方法：

- 第一种方法，使用 MPU9250 模块自带的中断（INIT）引脚 FIFO，有数据生成时会产生一个下降沿信号，可以通过设置单片机捕捉这个下降沿信号来读取 DMP 输出的数据。
- 第二种方法，设计一个 5ms 中断一次的定时器，每中断一次就进行一次数据的采集与处理，本书使用的是第二种方法。

初始化 DMP 完成后，如果在定时器中断中实现数据的读取与处理，代码如下：

```
void TIM3_IRQHandler()                    //定时器3的中断处理函数
{
TIM_ClearFlag(TIM3,TIM_FLAG_Update);      //清除定时器3的中断处理标准位
TIM3 -> ARR = 0x0000;                     //将自动重装载计时器置为0(此时定时器不计数)
dmp_data_process();                       //进行DMP的数据读取
Control();                                //进行姿态数据处理
TIM3 -> CNT = 0x0000;                     //将定时器3的计数值清零
TIM3 -> ARR = 0x1387;       //将定时器3的自动重装载寄存器的值设置为对应5ms中断一次的4999
}
```

下面介绍数据读取函数 dmp_data_process()代码。

```
void dmp_data_process()
{
float norm = 0,qtemp[4],q[4],gy[3],acc[3],quat[4];
short int sensors,more;
READ: dmp_read_fifo(gy,acc,quat,0,&sensors,&more);    //读取DMP的FIFO数据
        if(more!= 0)
            {
            goto READ;
            }                             //如果more不为0,则FIFO中还有数据,要再读一次
        Gyro.X = gy[0]/16.4;
        Gyro.Y = gy[1]/16.4;
        Gyro.Z = - gy[2]/16.4;
//将角速度数值处于量程
        qtemp[0] = (float)quat[0];
        qtemp[1] = (float)quat[1];
        qtemp[2] = (float)quat[2];
        qtemp[3] = (float)quat[3];
        norm = dmpinvSqrt(qtemp[0] * qtemp[0] +
                          qtemp[1] * qtemp[1] + qtemp[2] * qtemp[2] + qtemp[3] * qtemp[3])
        q[0] = qtemp[0] * norm;
        q[1] = qtemp[1] * norm;
        q[2] = qtemp[2] * norm;
        q[3] = qtemp[3] * norm;
//四元数的规范化归一化
MPU_ANGLE.Roll = (atan2(2.0 * (q[0] * q[1] + q[2] * q[3]),1 - 2.0 * (q[1] * q[1] + q[2] * q[2])))
 * 180/M_PI;
MPU_ANGLE.Pitch = dmp_asin(2.0 * (q[0] * q[2] - q[3] * q[1])) * 180/M_PI;
MPU_ANGLE.Yaw = - atan2(2.0 * (q[0] * q[3] + q[1] * q[2]),1 - 2.0 * (q[2] * q[2] + q[3] * q[3]))
 * 180/M_PI;
//将四元数解算为X,Y,Z 3轴的角度
    }
```

通过这个函数可以获得保障四旋翼飞行器平稳飞行的两个重要数据：角速度与角度。

下面用获得的数据通过串级 PID 处理来控制四轴的平稳飞行,以下是 Control()函数代码。

```
void PID_Position_Cal(PID_Typedef * PID,float target,float measure)
    {
    PID -> Error = target - measure;
    PID -> Integ += PID -> Error * dt;
    if(PID -> Integ > Integ_max){PID -> Integ = Integ_max; }
    if(PID -> Integ < - Integ_max){PID -> Integ = - Integ_max; }
//进行积分限幅
    PID -> Deriv = PID -> Error - PID -> PreError;
    PID -> Output = PID -> P * PID -> Error + PID -> I * PID -> Integ + PID -> D * PID -> Deriv;
    PID -> PreError = PID -> Error;
}
```

该函数第一个参数为串级 PID 的结构体存储比例系数、积分系数和微分系数的值。

```
typedef struct
{
    float P;
    float I;
    float D;
    float Error;
    float PreError;
    double Integ;
    float Deriv;
    float Output;
}PID_Typedef;
```

该函数第二个参数为 PID 的目标值,第三参数为 PID 的输入值。下面为串级 PID 的具体处理代码:

```
void Control(void)
{
    RC_ANGLE.X = roll;
    RC_ANGLE.Y = pitch;
    RC_ANGLE.Z = yaw;
//将串级 PID 的外环目标量设置为遥控器发送的打舵量
    PID_Position_Cal(&pitch_angle_PID,RC_ANGLE.Y,MPU_ANGLE.Pitch);
    PID_Position_Cal(&roll_angle_PID,RC_ANGLE.X,MPU_ANGLE.Roll);
//外环(角度环)X,Y 轴 PID,目标量为遥控器打舵量,输入为当前角度
  if(RC_ANGLE.Z == 0)
  {
      if(YawLockState == 0)
      {
          YawLock = MPU_ANGLE.Yaw;
          YawLockState = 1;
      }
  }
```

```
        else
        {
            YawLockState = 0;
            YawLock = MPU_ANGLE.Yaw;
        }
            PID_yaw(&yaw_angle_PID,YawLock,MPU_ANGLE.Yaw);
    /* 外环(角度环)Z 轴 PID,目标量为 YawLock 存储的当前偏航角度,输入为当前实际的偏航角度 */
        PID_yaw(&yaw_rate_PID,yaw_angle_PID.Output + RC_ANGLE.Z,Gyro.Z);
        PID_Position_Cal(&pitch_rate_PID,pitch_angle_PID.Output,Gyro.Y);
        PID_Position_Cal(&roll_rate_PID,roll_angle_PID.Output,Gyro.X);
    /* 内环(速度环)X,Y,Z 轴 PID,目标量为上一级外环 PID 的输出量,输入为当前 3 轴角速度 */
        Pitch= pitch_rate_PID.Output;
        Rool = roll_rate_PID.Output;
        Yaw = yaw_rate_PID.Output;
    //将内环 PID 的输出赋值给 3 个变量
        Motor[2] = (int16_t)(thro + Pitch - Rool - Yaw );
        Motor[0] = (int16_t)(thro - Pitch + Rool - Yaw);
        Motor[3] = (int16_t)(thro + Pitch + Rool + Yaw);
        Motor[1] = (int16_t)( thro - Pitch - Rool + Yaw );
        //串级 PID 输出值与基础油门融合并以 PWM 形式输出到电调上
    }
```

4.5 气压计软件设计

4.5.1 软件设计基本思路

当四旋翼飞行器能平稳地起飞飞行后,就可以开始考虑进行自主定高的实验。自主定高通过可以测量当前起飞点相对高度的传感器数值,并通过控制算法由软件控制油门值的大小而不是通过遥控器来控制四轴的油门大小,最终的目标就是让四旋翼飞行器稳定在一个高度上,并可以控制这个高度的大小。

首先要通过传感器获取高度值,高度传感器可以考虑使用超声波模块、气压计模块和GPS 模块。对于超声波模块输出的数值能精确到 0.1cm,输出间隔小、精度高是其的优点;其缺点是要求地面平整无障碍物,有高度限制,太高时超声波就失去作用。气压计是采集当前的气压值和温度,通过换算能够得到当前的海拔高度,从而可以进一步地计算出地面和空中的相对高度。使用气压计的优点是没有高度的限制,在室内室外都可以胜任;其缺点是气压计模块的精度普遍不高。本书所使用的 MS5611 精度为 10cm,在气压计模块中精度算是较高的。还有一个就是 GPS 模块,GPS 可以提供很多实用的数据,但精度有限,它还有一个致命的缺陷就是,在室内如果不使用辅助手段无法收到有效的良好的信号,只适合在室外使用,这点使其在室内调试非常不便。

1. 气压和温度计算流程

MS5611 高精度气压传感器,支持 SPI 和 IIC 协议读取包括一个高精度数字气压计与一个高精度温度计,通过实时测量周围环境温度对气压值进行一阶二阶补偿,保证气压计的一定精度。气压和温度计算流程如图 4-12 所示。

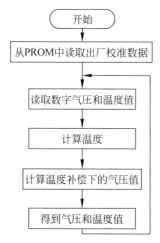

图 4-12　气压和温度计算流程

(1) 开始,计算结果最大值。

$P_{MIN}=10\,mbar$,$P_{MAX}=1200\,mbar$,$T_{MIN}=-40℃$,$T_{MAX}=85℃$,$T_{REF}=20℃$

(2) 从 PROM 中读取出厂校准数据如表 4-2 所示。

表 4-2　PROM 中出厂校准数据

变量	描述|方程	推荐变量类型	大小/b	值		典型值
				Min	Max	
C1	压力灵敏度|SENS$_{T1}$	unsigned int 16	16	0	65536	40127
C2	压力补偿|OFF$_{T1}$	unsigned int 16	16	0	65536	36924
C3	温度压力灵敏度系数|TCS	unsigned int 16	16	0	65536	23317
C4	温度系数的压力补偿|TCO	unsigned int 16	16	0	65536	23282
C5	参考温度|T$_{REF}$	unsigned int 16	16	0	65536	33464
C6	测温的温度系数|TEMPSENS	unsigned int 16	16	0	65536	28312

(3) 读取数字气压和温度值,如表 4-3 所示。

表 4-3　数字气压和温度值

变量	描述|方程	推荐变量类型	大小/b	值		典型值
				Min	Max	
D1	数字压力值	unsigned int 32	24	0	16777216	9085466
D2	数字温度值	unsigned int 32	24	0	16777216	8569150

（4）计算温度，如表 4-4 所示。

表 4-4　计算温度

变量	描述丨方程	推荐变量类型	大小/b	值 Min	值 Max	典型值
dT	实际和参考温度之间的差异	unsigned int 32	25	-16776960	16777216	2366
TEMP	实际温度（$-40 \sim 85\,℃$，$0.01\,℃$ 分辨率） $TEMP = 20\,℃ + dT * TEMPSENS = 2000 + dT * C6/2^{23}$	unsigned int 32	41	-4000	8500	$2007 = 20.07\,℃$

（5）计算温度补偿下的气压值，如表 4-5 所示。

表 4-5　计算气压值

变量	描述丨方程	推荐变量类型	大小/b	值 Min	值 Max	典型值
OFF	实际温度补偿 $OFF = OFF_{T1} + TCO * dT = C2 * 2^{16} + (C4 * dT)/2^7$	unsigned int 64	41	-8589672450	12884705280	2420281617
SENS	实际温度灵敏度 $SENS = SENS_{T1} + TCS * dT = C1 * 2^{15} + (C3 * dT)/2^8$	unsigned int 64	41	-4294836225	6442352640	1315097036
P	温度补偿压力（$1\text{kPa} \sim 120\text{kPa}$，$1\text{Pa}$ 分辨率） $P = D1 * SENS - OFF = (D1 * SENS/2^{21} - OFF)/2^{15}$	unsigned int 32	58	1000	120000	100009Pa

2. 重要时序

4.5.2 节代码主要采用 IIC 接口，每个 IIC 通信消息都有开始和停止状态。MS5611-01BA 的 IIC 地址为 111011Cx，其中 C 为 CSB 引脚的补码值（取反）。因为传感器内并没有微控制器，所有 IIC 的命令和 SPI 是相同的。下面介绍几个重要的时序。

（1）IIC 复位时序。

复位指令可以在任何时间发送。如果没有成功地上电复位，就可能是被屏蔽的 SDA 模块处在应答状态。MS5611-01BA 唯一的复位方式是发送几个 SCLK 后跟一个复位指令或上电复位，如图 4-13 所示。

（2）存储器读取时序。

PROM 读指令由两部分构成：第一部分使系统处于 PROM 读模式；第二部分从系统中读取数据，如图 4-14 所示。

图 4-13 IIC 复位时序

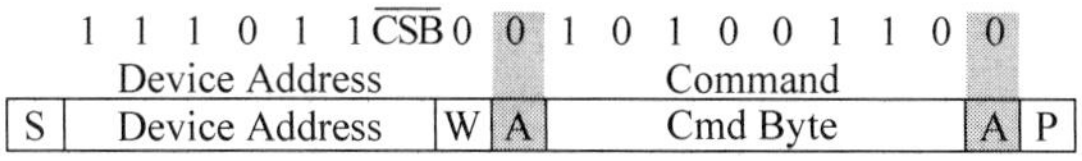

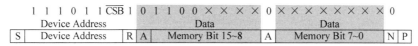

(a) IIC读存储器指令，地址=011(系数：3)

(b) IIC从芯片中应答

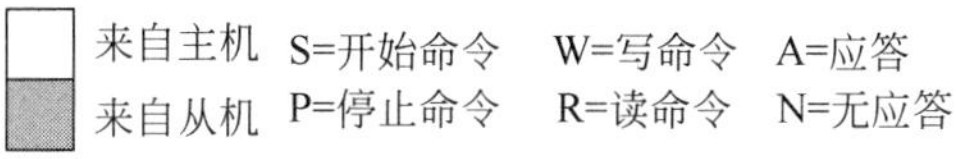

图 4-14 存储器读时序

（3）转换时序。

通过向 MS5611-01BA 发送指令可以进入转换模式。当命令写入到系统中，系统处于忙碌状态，直到转换完成。当转换完成后可以发送一个读指令，此时 MS5611-01BA 发回一个应答，24 个 SCLK 时钟将所有数据传送。每隔 8 位就会等待一个应答信号，如图 4-15 所示。

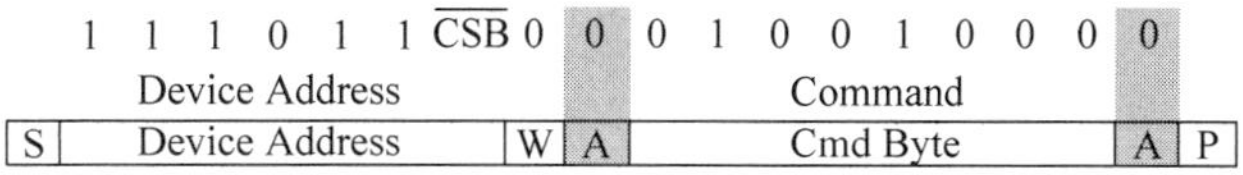

(a) IIC启动压力转换指令(OSR=4096，Typ=D1)

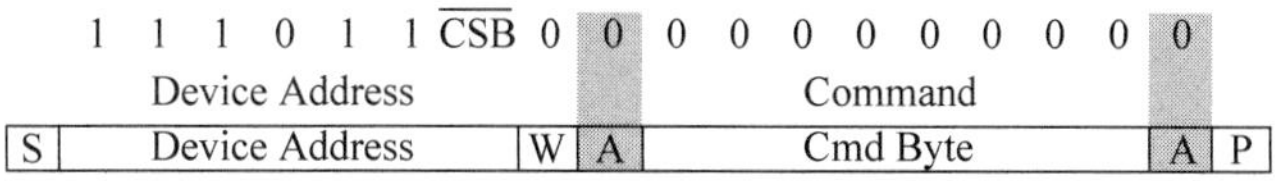

(b) IIC ADC读时序

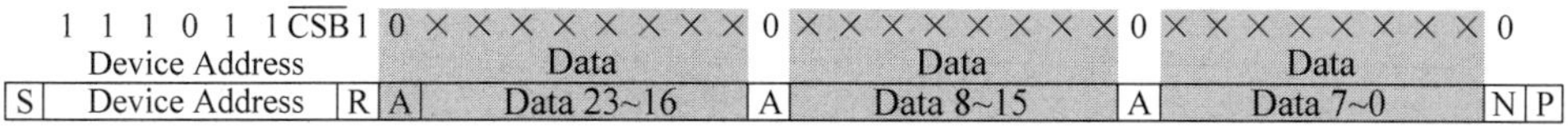

(c) IIC从MS5611-01BA读取数据

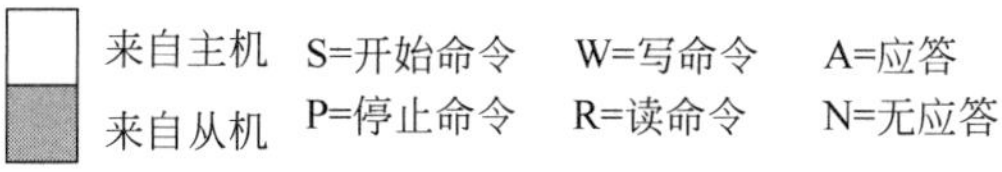

图 4-15 IIC 转换时序

（4）循环冗余检查（CRC）。

MS5611-01BA 包含 128 位的 PROM 存储器。存储器中有一个 4 位的 CRC 数据检测位。CRC-4 代码的使用如图 4-16 所示。

Add	DB15	DB14	DB13	DB12	DB11	DB10	DB9	DB8	DB7	DB6	DB5	DB4	DB3	DB2	DB1	DB0
0	16 bit reserved for manufacturer															
1	Coefficient 1(16 bit unsigned)															
2	Coefficient 2(16 bit unsigned)															
3	Coefficient 3(16 bit unsigned)															
4	Coefficient 4(16 bit unsigned)															
5	Coefficient 5(16 bit unsigned)															
6	Coefficient 6(16 bit unsigned)															
7													CRC			

图 4-16 存储器 PROM 映射

4.5.2 代码实现及解析

由 3.6.2 节可知，要想 IIC 协议和气压计通信，首先需要将 PS 引脚通过单片机拉高，选择 IIC 协议；其次要将 CSB 引脚拉低，此时的 IIC 地址为 0XEE。下面介绍 MS5611 模块的编程代码。

1. 初始化及如何读出其中的数据

（1）首先对模块进行复位。

```
//发送一个 IIC 起始信号
IIC_Start();
//发送一个地址信号
IIC_Send_Byte(0XEE);
//等待模块的应答信号
IIC_Wait_Ack();
//发送一个复位信号
IIC_Send_Byte(0X1E);
//等待模块的应答信号
IIC_Wait_Ack();
//发送一个 IIC 结束信号
IIC_Stop();
//延时 100ms
delay_ms(100);
```

（2）读取芯片 Flash 中的出厂校准数据。

```
u8  inth,intl,i;
//定义 3 个无符号字符型变量
```

```
for (i = 0; i < 6; i++)
    //读取 6 个出厂校准数据
{
        //发送一个 IIC 起始信号
        IIC_Start();
        //发送一个地址信号
        IIC_Send_Byte(0XEE);
        //等待模块的应答信号
        IIC_Wait_Ack();
        //发送读取出厂校准数据命令
        IIC_Send_Byte(0xA2 + (i * 2));
        //等待模块的应答信号
        IIC_Wait_Ack();
        //发送一个 IIC 结束信号
        IIC_Stop();
        //延时 5µs
        delay_us(5);
        //发送一个 IIC 起始信号
        IIC_Start();
        //进入接收模式
        IIC_Send_Byte(0XEE + 1);
        //延时 1µs
        delay_us(1);
        //等待模块的应答信号
        IIC_Wait_Ack();
        //带有 IIC 应答信号读取出厂校准的高位
        inth = IIC_Read_Byte(1);
        //延时 1µs
        delay_us(1);
        //不带有 IIC 应答信号读取出厂校准的低位
        intl = IIC_Read_Byte(0);
        //发送一个 IIC 结束信号
        IIC_Stop();
        //将数据的高位与地位融合后存入数组 PROM_C 中
        PROM_C[i] = (((u16)inth << 8) | intl);
}
```

至此 MS5611 的初始化完成,下面介绍如何读取数据。

2. 读取数据

首先开始模块的温度转换,然后等待一段时间读取温度值,再等待模块的气压值转换时间后读取气压值,接着进行气压与温度的一阶二阶补偿计算出相应高度。对于转换时间精度越高相应等待时间越长,这里使用最大精度,每次转换读取数据等待 10ms。读取气压计的数据是通过 10ms 中断一次的定时器实现的,读取程序如下。

```
switch(Now_doing)
//查询状态本次进行到哪一步
{
    //状态如果为启动温度转换时
    case    SRTemperature:
            //开始精度为最高的温度转换
            MS561101BA_startConversion(0x50 + 0x08);      //(1)
            //将状态设置为读取温度
            Now_doing = RETemperature;
            break;
    //状态如果为读取温度时
    case    RETemperature:
            //读取温度
            MS561101BA_GetTemperature();                  //(2)
            //将状态设置为启动气压转换
            Now_doing = SRPressure;
            break;
    //状态如果为启动气压转换时
    case    SRPressure:
            //开始精度为最高的气压转换
            MS561101BA_startConversion(0X40 + 0X08);      //(1)
            //将状态设置为读取气压转换
            Now_doing = REPressure;
            break;
    //状态如果为读取气压转换时
    Case    REPressure:
            //读取气压值并进行高度结算
            MS561101BA_getPressure();                     //(3)
            //将状态设置为启动温度转换
            Now_doing = SRTemperature;
            break;
    //当状态值未知时
    default:
            Now_doing = SRTemperature;
            //将状态设置为启动温度转换
            break;
}
```

至此,读取气压计数据程序粗略地介绍完成。下面介绍具体的读取和数据处理滤波程序,这是 MS5611 开启温度/气压数值转换的程序。

(1) 精度为最高的温度/气压转换函数。

```
void MS561101BA_startConversion(uint8_t command)
```

```
{
//发送一个 IIC 起始信号
IIC_Start();
//发送一个地址信号
IIC_Send_Byte(0XEE);
//等待模块的应答信号
IIC_Wait_Ack();
//发送一个 IIC 命令信号
IIC_Send_Byte(command);
//等待模块的应答信号
IIC_Wait_Ack();
//发送一个 IIC 结束信号
IIC_Stop();
}
uint32_t MS561101BA_getConversion()
{
uint32_t conversion = 0;
u8 temp[3];

//发送一个 IIC 起始信号
IIC_Start();
//发送一个地址信号
IIC_Send_Byte(0XEE);
//等待模块的应答信号
IIC_Wait_Ack();
//发送一个空指令
IIC_Send_Byte(0);
//等待模块的应答信号
IIC_Wait_Ack();
//发送一个 IIC 结束信号
IIC_Stop();
//发送一个 IIC 起始信号
IIC_Start();
//进入接收模式
IIC_Send_Byte(MS5611_ADDR + 1);
//等待模块的应答信号
IIC_Wait_Ack();
//带有 IIC 应答信号读取温度数据的 16~24 位
temp[1] = IIC_Read_Byte(1);
//带有 IIC 应答信号读取温度数据的 8~15 位
temp[0] = IIC_Read_Byte(1);
//带有 IIC 应答信号读取温度数据的 0~7 位
temp[2] = IIC_Read_Byte(0);
//发送一个 IIC 结束信号
IIC_Stop();
conversion = (unsigned long)temp[0] * 65536 + (unsigned long)temp[1] * 256 + (unsigned
long)temp[2];
```

```
    return conversion;
}
```

（2）读取温度值。

下面介绍温度数据的读取函数。

```
void MS561101BA_GetTemperature(void)
{
tempCache = MS561101BA_getConversion();
}
```

此函数的特点是，发送读取温度值命令后调用此函数读取的就是温度值。同理，当发送读取气压值命令后，读取的就是气压值。

（3）读取气压值并进行高度解算。

下面介绍气压数据的读取函数。

```
void MS561101BA_getPressure(void)
{
int64_t T2,Aux_64,OFF2,SENS2;
float MS5611_Vn;
int64_t off,sens;
u8 Send_Count,i;

//读取原始气压值并赋值给变量 rawPress
    int32_t rawPress = MS561101BA_getConversion();
//计算 dT(以下的公式来自 ms5611 官方文档)
    int64_t dT = temperature - (((int32_t)PROM_C[4]) << 8);
//计算实际温度
    TEMP = 2000 + ((dT * (int64_t)PROM_C[5])>> 23);
//计算 off 实际温度的抵消
    off = (((int64_t)PROM_C[1]) << 16) + ((((int64_t)PROM_C[3]) * dT) >> 7);
//计算 sens 实际温度灵敏度
    sens = (((int64_t)PROM_C[0]) << 15) + (((int64_t)(PROM_C[2] * dT) >> 8);
//当温度小于 20℃ 时进行的二阶温度补偿
    if (TEMP < 2000)
        {
        T2 = (((int64_t)dT) * dT) >> 31;
        Aux_64 = (TEMP - 2000) * (TEMP - 2000);
        OFF2 = (5 * Aux_64)>> 1;
        SENS2 = (5 * Aux_64)>> 2;
    //当温度小于 - 15℃ 时进行的二阶温度补偿
    if(TEMP <( - 1500))
    {
        OFF2 += 7 * ((TEMP + 1500) * (TEMP + 1500));
        SENS2 = sens + 11 * ((TEMP + 1500) * (TEMP + 1500)) * 0.5;
    }
    TEMP = TEMP - T2;
```

```
    off = off - OFF2;
    sens = sens - SENS2;
    }


    //计算气压值
    Pressure = ((((int64_t)rawPress) * sens) >> 21) - off) >> 15;
    //解算出高度值并进行一次卡尔曼滤波
    MS5611_Altitude = KalmanFilter(MS561101BA_get_altitude());
    //对高度微分出的速度值进行一次卡尔曼滤波(dT 为时间间隔)
    MS5611_v = KalmanFilter_v(MS5611_Vn = ((MS5611_Altitude - last_Altitude)/dT));
    }
    //下面是将气压值解算为高度值的函数
    float MS561101BA_get_altitude(void)
    {
        static float Altitude, Pressure_ average = 0;
        static u8 average_flag = 0, num = 0;
        if(average_flag == 0)
            {
                Pressure_ average += Pressure;
                num++;
                if(num == 50)
                    {
                        average_flag = 1;
                        Pressure_ average / = 50;
                    }
                Altitude = 0;
                return Altitude;
            }
    //计算 50 次气压值的平均值赋给变量 Pressure_ average
    //计算基于起飞时的高度值
    Altitude = 44330.0 * (1 - pow((Pressure/ Pressure_ average), 0.1903));
    //高度的精度单位为 cm(厘米)
    return Altitude * 100;
}
```

采用卡尔曼滤波函数处理,代码为:

```
#define KALMAN_Q   0.03f
#define KALMAN_R   15.0f
float KalmanFilter(const float ResrcData)
    {
        float R = KALMAN_R;
        float Q = KALMAN_Q;

        static float x_last;
        float x_mid = x_last;
        float x_now;
```

```
        static float p_last;
        float p_mid ;
        float p_now;
        float kg;

        x_mid = x_last;
        p_mid = p_last + Q;
        kg = p_mid/(p_mid + R);
        x_now = x_mid + kg * (ResrcData - x_mid);
        p_now = (1 - kg) * p_mid;
        p_last =  p_now;
        x_last =  x_now;

        return x_now;
    }
```

对于 MS5611 气压计还有以下几点需要注意：

• 刚上电时输出的前几个数据不准确,需要去除；
• 一定要保证充分的温度/气压转换时间,过早地读取数据会导致数据出错；
• 气压计数据延迟性较大,收敛速度较慢,今后会寻找其他方法获取垂直方向的速度值以进行改善。

4.5.3　自主高度控制的实现

至此已经获取了高度值以及 Z 轴的速度值。下面介绍如何通过串级 PID 算法实现自主定高。

使用气压计解算出的高度值作为高度串级 PID 控制的外环输入,使用气压计解算出的高度速度变化量作为串级 PID 的内环输入,使用串级 PID 作为控制方法使可调参数比单级 PID 增加,鲁棒性更好,使控制性能较单级 PID 有所提高。

下面对控制代码进行分析。

```
void high_handle()
{
  //首先对 PID 参数进行初始化
  PID_High_init();
  //当 hold_high_flag = 1 时为开启自主高度控制,否则退出本函数
  if(hold_high_flag!= 1)
    {
        return;
    }
  //外环的串级 PID 控制
  PID_High(&high_dis_PID,high_dis_PID.Desired,MS5611_Altitude);
  //内环的串级 PID 控制
  PID_High_v(&high_v_PID,high_dis_PID.Output,MS5611_v);
  //fly_thro 为基准起飞油门(400)将 PID 计算的结果加上基准起飞油门作为输出油门
```

```
high_v_PID.Output += fly_thro;
if(high_v_PID.Output > 600)
    {
        high_v_PID.Output = 600;
    }
//使输出油门最大不超过600,最小不低于基准起飞油门 fly_thro
if(high_v_PID.Output <(fly_thro))
    {
        high_v_PID.Output = (fly_thro);
    }
}
```

对于串级 PID 代码请参考 4.4.3 节代码。

4.6　遥控器软件设计

打开遥控器代码,主界面如图 4-17 所示。

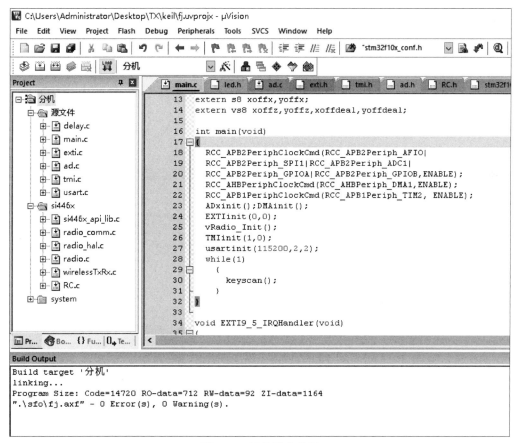

图 4-17　遥控器主界面

该软件主要参数设置方法如图 4-18 所示。

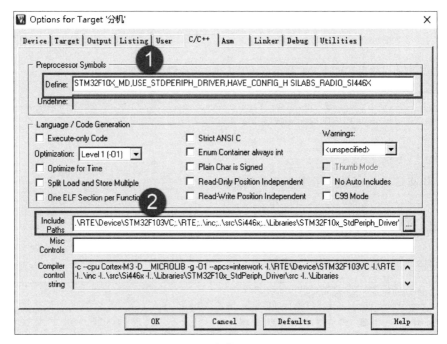

图 4-18　软件设置界面

在图 4-18 中下面两点是重点要注意之处。

（1）Preprocessor Symbols 需要手动输入：STM32F10X_MD、USE_STDPERIPH_DRIVER、HAVE_CONFIG_H SILABS_RADIO_SI446X。

（2）可根据实际情况添加软件头文件的引用路径，如图 4-19 所示。

图 4-19　软件路径

4.6.1 软件设计基本思路

在四旋翼飞行器起飞之后,使用遥控器无线发射控制指令远程控制它的行动方向以及油门大小(不开启自动定高)。对于四轴与遥控器的无线通信,选择合适的无线模块很重要。常见的 2.4GHz 无线模块可传输大容量的数据快,但是传输距离短,绕射能力差。由于无刷电机转动时还会产生磁场干扰,使 2.4GHz 无线模块无法良好地保持远距离传输的可靠性。另一种为低频信号的 433MHz 的无线模块,由于其频率低所以绕射能力强,传输距离远,但在传输大容量数据时无法提供足够的带宽,不过在四轴传输数据方面只传输控制指令与状态数据,微小的带宽就可以胜任。

这里介绍 Silicon Labs 公司生产的 SI4463 无线模块。其工作频率为 142~1050MHz 可调,最大输出功率 20dBm,最大数据传输率 1Mb/s,支持自动跳频功能,加装鞭状天线后最大距离可达到 2000m。

这里使用由 SI4463 构成的遥控器(地面站)与四旋翼飞行器进行通信。由遥控器定期向四旋翼飞行器传输控制指令,同时四旋翼飞行器将各种飞行数据传回遥控器的液晶显示屏上。

要通过遥控器向四旋翼飞行器传输数据就要使用摇杆电位器,这是由两个滑动变阻器构成的可进行两自由度移动的模块,使用单片机上的 AD 引脚采集其电压值就可以判断此时摇杆的位置,然后再将其数值(油门值、偏航值、俯仰值、横滚值)通过无线模块发送到四旋翼飞行器上,作为串级 PID 的目标量实现对其姿态控制。

同时,对于四旋翼飞行器飞行过程中的各种数据指标,例如每个电机的油门大小、当前偏转的角度、当前的高度及电池电量等,都可以再通过飞行器端的无线模块发回给遥控器端。还可以在 PID 参数整定时将数据绘制成曲线并通过遥控器进行参数的实时更改,更加方便、快捷。

4.6.2 无线模块代码实现及解析

下面使用 SPI 总线对无线模块 SI4463 进行初始化,这里遥控器使用 STM32F103 系列单片机。

1. 行硬件引脚的宏定义

```
#define  SI446X_GPIO2          GPIO_Pin_12;
#define  SI446X_GPIO3          GPIO_Pin_13;
#define  SI446X_GPIO           GPIOB;

#define  SI446X_IRQ_GPIO       GPIOA;
#define  SI446X_PIN_IRQ        GPIO_Pin_8;//D
#define  SI446X_IRQ_IN         (SI446X_IRQ_GPIO -> IDR & SI446X_PIN_IRQ);

#define  SI446X_SDN_GPIO       GPIOB;
```

```
#define  SI446X_PIN_SDN      GPIO_Pin_14;//D
#define  SI446X_SDN_HIGH()   GPIO_SetBits(SI446X_SDN_GPIO,SI446X_PIN_SDN) ;
#define  SI446X_SDN_LOW()    GPIO_ResetBits(SI446X_SDN_GPIO,SI446X_PIN_SDN);

#define  SI446X_CS_GPIO      GPIOA;
#define  SI446X_PIN_CS       GPIO_Pin_4;//D
#define  SI446X_CS_HIGH()    GPIO_SetBits(SI446X_CS_GPIO,SI446X_PIN_CS) ;
#define  SI446X_CS_LOW()     GPIO_ResetBits(SI446X_CS_GPIO,SI446X_PIN_CS);

#define  SPIX_PIN_SCK        GPIO_Pin_5;
#define  SPIX_PIN_MISO       GPIO_Pin_6;
#define  SPIX_PIN_MOSI       GPIO_Pin_7;
#define  SPIX_GPIO           GPIOA;
#define  SPIX_DEVX           SPI1;
```

2. GPIO 引脚的初始化

```
GPIO_InitStructure.GPIO_Pin = SI446X_GPIO3|SI446X_GPIO2;
GPIO_InitStructure.GPIO_Speed = GPIO_Speed_50MHz;
GPIO_InitStructure.GPIO_Mode = GPIO_Mode_IN_FLOATING;
GPIO_Init(SI446X_GPIO, &GPIO_InitStructure);

GPIO_InitStructure.GPIO_Pin = SI446X_PIN_CS|SI446X_PIN_SDN ;
GPIO_InitStructure.GPIO_Speed = GPIO_Speed_50MHz;
GPIO_InitStructure.GPIO_Mode = GPIO_Mode_Out_PP ;
GPIO_Init(SI446X_CS_GPIO , &GPIO_InitStructure);

GPIO_InitStructure.GPIO_Pin = SI446X_PIN_SDN ;
GPIO_InitStructure.GPIO_Speed = GPIO_Speed_50MHz;
GPIO_InitStructure.GPIO_Mode = GPIO_Mode_Out_PP ;
GPIO_Init(SI446X_SDN_GPIO , &GPIO_InitStructure);
GPIO_InitStructure.GPIO_Pin = SPIX_PIN_SCK| SPIX_PIN_MISO | SPIX_PIN_MOSI ;
GPIO_InitStructure.GPIO_Speed = GPIO_Speed_50MHz;
GPIO_InitStructure.GPIO_Mode = GPIO_Mode_AF_PP ;
GPIO_Init(SPIX_GPIO , &GPIO_InitStructure);
```

3. SPI 的初始化

```
SPI_Cmd(SPIX_DEVX, DISABLE);
SPI_InitStructure.SPI_Direction = SPI_Direction_2Lines_FullDuplex;
SPI_InitStructure.SPI_Mode = SPI_Mode_Master;
SPI_InitStructure.SPI_DataSize = SPI_DataSize_8b;
SPI_InitStructure.SPI_CPOL = SPI_CPOL_Low;
SPI_InitStructure.SPI_CPHA = SPI_CPHA_1Edge;
SPI_InitStructure.SPI_NSS = SPI_NSS_Soft;
SPI_InitStructure.SPI_BaudRatePrescaler = SPI_BaudRatePrescaler_16;
```

```
SPI_InitStructure.SPI_FirstBit = SPI_FirstBit_MSB;
SPI_InitStructure.SPI_CRCPolynomial = 7;
SPI_Init(SPIX_DEVX, &SPI_InitStructure);
SPI_Cmd(SPIX_DEVX, ENABLE);
```

4. SI4463 无线模块的重要寄存器

SI4463 无线模块的重要寄存器如表 4-6 所示。

表 4-6 SI4463 无线模块的重要寄存器

寄存器地址	名　　称	描　　述
0x02	POWER_UP	开启芯片电源和启动模式选择
0x11	SET_PROPERTY	设置属性
0x12	GET_PROPERTY	读取当前属性
0x66	TX_FIFO_WRITE	写入发送端 FIFO 寄存器
0x77	RX_FIFO_READ	读取接收端 FIFO 寄存器
0x21	GET_PH_STATUS	返回状态结果
0x44	READ Command buffer	返回先前命令结果

5. 发送指令函数

```
U8 bApi_SendCommand(U8 bCmdLength, U8 * pbCmdData)
{
    SpiClearNsel(0);                              //将 NSEL 引脚置低
    bSpi_SendData (bCmdLength, pbCmdData);        //SPI 发送数据
    SpiSetNsel(1);                                //将 NSEL 引脚拉高
return 0;
}
```

6. 向发送 FIFO 寄存器写入数据

```
U8 bApi_WriteTxDataBuffer(U8 bTxFifoLength, U8 * pbTxFifoData)
{
    SpiClearNsel(0);                              //将 NSEL 引脚置低
    bSpi_SendDataByte(0x66);                      //写入发送端 FIFO 寄存器
    bSpi_SendData(bTxFifoLength, pbTxFifoData);   //SPI 发送数据
    SpiSetNsel(1);                                //将 NSEL 引脚拉高
    return 0;
}
```

7. 向接收 FIFO 寄存器写入数据

```
U8 bApi_ReadRxDataBuffer(U8 bRxFifoLength, U8 * pbRxFifoData)
{
    SpiClearNsel(0);                              //将 NSEL 引脚置低
    bSpi_SendDataByte(0x77);                      //写入接收端 FIFO 寄存器
    bSpi_SendData (bRxFifoLength, pbRxFifoData);  //SPI 发送数据
```

```
    SpiSetNsel(1);                                    //将 NSEL 引脚拉高
    return 0;
}
```

8. 读取状态数据函数

```
U8 bApi_GetResponse(U8 bRespLength, U8 * pbRespData)
{
    bCtsValue = 0;
    bErrCnt = 0;
    while (bCtsValue!= 0xFF)                           //如果未接收到应答信号
        {
            SpiClearNsel(0);                          //将 NSEL 引脚置低
            bSpi_SendDataByte(0x44);                  //发送返回先前指令状态命令
            bSpi_Read(1, &bCtsValue);                 //读取 SPI
            if(bCtsValue != 0xFF)
                {
                    SpiSetNsel(1);                    //NSEL 引脚拉高
                }
        }
    if(bErrCnt++> MAX_CTS_RETRY)
        {
            return 1;                                 //如果大于等待时间,则返回错误指令
        }
    bSpi_Read(bRespLength, pbRespData);               //CTS 函数返回成功读取数据
    SpiSetNsel(1);                                    //NSEL 引脚拉高
    return 0;                                          //返回成功指令
}
```

9. 等待模块应答相应函数

```
U8 vApi_WaitforCTS(void)
{
    bCtsValue = 0;
    bErrCnt = 0;
    while (bCtsValue!= 0xFF)                           //如果未接收到应答信号
        {
            SpiClearNsel(0);                          //将 NSEL 引脚置低
            bSpi_SendDataByte(0x44);                  //发送返回先前指令状态命令
            bSpi_Read (1, &bCtsValue);                //读取 SPI
            SpiSetNsel(1);                            //将 NSEL 引脚拉高
                if (++bErrCnt > MAX_CTS_RETRY)
                    {
                        return 1;                     //如果大于等待时间,则返回错误指令
                    }
        }
    return 0;                                          //返回成功指令
}
```

10. SI4463 相关引脚及硬件 SPI 初始化

```
MCU_Init();
//将模块的 SDN 引脚置高
EZRP_SDN = 1;
//等待大约 300 μs
for(wDelay = 0; wDelay < 330; wDelay++);
//将模块的 SDN 引脚拉低
EZRP_SDN = 0;
//等待 5ms
for(wDelay = 0; wDelay < 5500; wDelay++);
```

11. 开始发送

```
abApi_Write[0] = CMD_POWER_UP;
abApi_Write[1] = 0x01;
abApi_Write[2] = 0x00;
//将数组内容写入 SPI,并发送出去
bApi_SendCommand(3,abApi_Write);
//等待中断引脚的低电平响应信号
if (vApi_WaitforCTS())
    {
    while (1) {}
}
```

12. 设置包内容

(1) 设置报头字长。

```
abApi_Write[0] = CMD_SET_PROPERTY;          //使用属性命令
abApi_Write[1] = PROP_PREAMBLE_GROUP;       //选择属性组
abApi_Write[2] = 1;                         //写入的属性
abApi_Write[3] = PROP_PREAMBLE_TX_LENGTH;   //制定属性
abApi_Write[4] = 0x05;                      //5 字节长度
bApi_SendCommand(5,abApi_Write);            //通过 SPI 发送
vApi_WaitforCTS();                          //等待应答信号
```

(2) 设置报头模式。

```
abApi_Write[0] = CMD_SET_PROPERTY;          //使用属性命令
abApi_Write[1] = PROP_PREAMBLE_GROUP;       //选择属性组
abApi_Write[2] = 1;                         //写入的属性
abApi_Write[3] = PROP_PREAMBLE_CONFIG;      //制定属性
abApi_Write[4] = 0x31;                      // 字节模式为 1010
bApi_SendCommand(5,abApi_Write);            //通过 SPI 发送
vApi_WaitforCTS();                          //等待应答信号
```

（3）设置同步字。

```
abApi_Write[0] = CMD_SET_PROPERTY;        //使用属性命令
abApi_Write[1] = PROP_SYNC_GROUP;         //选择属性组
abApi_Write[2] = 3;                       //写入的属性
abApi_Write[3] = PROP_SYNC_CONFIG;        //制定属性
abApi_Write[4] = 0x01;                    //2字节同步
abApi_Write[5] = 0xB4;                    //第一个同步字节
abApi_Write[6] = 0x2B;                    //第二个同步字节
bApi_SendCommand(7,abApi_Write);          //发送SPI控制命令
vApi_WaitforCTS();                        //等待应答信号
```

（4）通用包配置（设置位顺序）。

```
abApi_Write[0] = CMD_SET_PROPERTY;        //使用属性命令
abApi_Write[1] = PROP_PKT_GROUP;          //选择属性组
abApi_Write[2] = 1;                       //写入的属性
abApi_Write[3] = PROP_PKT_CONFIG1;        //制定属性
abApi_Write[4] = 0x00;                    //数据
bApi_SendCommand(5,abApi_Write);          //发送SPI控制命令
vApi_WaitforCTS();                        //等待应答信号
```

13. 发送数据的具体程序

（1）将无线模块置于工作状态。

```
abApi_Write[0] = CMD_CHANGE_STATE;
abApi_Write[1] = 0x02;
bApi_SendCommand(2,abApi_Write);
vApi_WaitforCTS();
```

（2）发送数字 1~8 的值。

```
abApi_Write[0] = 1;
abApi_Write[1] = 2;
abApi_Write[2] = 3;
abApi_Write[3] = 4;
abApi_Write[4] = 5;
abApi_Write[5] = 6;
abApi_Write[6] = 7;
abApi_Write[7] = 8;
bApi_WriteTxDataBuffer(0x08, &abApi_Write[0]);
vApi_WaitforCTS();
```

（3）发送数据。

```
abApi_Write[0] = CMD_START_TX;
abApi_Write[1] = 0;
```

```
abApi_Write[2] = 0x10;
abApi_Write[3] = 0x00;
abApi_Write[4] = 0x08;
bApi_SendCommand(5,abApi_Write);
```

14．接收数据的程序

开启接收模式程序如下：

```
abApi_Write[0] = CMD_START_RX;
abApi_Write[1] = 0;
abApi_Write[2] = 0;
abApi_Write[3] = 0;
abApi_Write[4] = 0X08;
abApi_Write[5] = 0;
abApi_Write[6] = 0X03;
abApi_Write[7] = 0;
bApi_SendCommand(0x08, abApi_Writ]);
vApi_WaitforCTS();
  if(EZRP_NIRQ == 0)                       //如果中断引脚为低电平
{
//读取寄存器,查看造成中断的原因
abApi_Write[0] = CMD_GET_PH_STATUS;
abApi_Write[1] = 0x00;
bApi_SendCommand(2,abApi_Write);
bApi_GetResponse(1,abApi_Read);          //读取状态数据
if((abApi_Read[0] & 0x10) == 0x10)       //收到数据
{
//读取 FIFO 中的相应数据(这里为数字 1～8)
bApi_ReadRxDataBuffer(8,abApi_Read); }}
```

4.6.3　摇杆代码实现及解析

使用摇杆电位器返回的 AD 值来判断摇杆目前所处的位置,通过无线模块发送出去进一步控制四旋翼飞行器在空中的行进方向。

首先初始化 STM32 的 AD 功能与 DMA 功能采集摇杆的点位信号。

```
void ADxinit()
    {
    //初始化 ADC 相关配置结构体
    ADC_InitTypeDef ADC_InitStructure;
    //初始化 GPIO 相关配置结构体
    GPIO_InitTypeDef GPIO_InitStructure;
    //初始化 DMA 相关配置结构体
    DMA_InitTypeDef DMA_InitStructure;
```

```
//将 GPIO 的 A0,A1,A2,A3 引脚配置为输入模式
GPIO_InitStructure.GPIO_Pin = GPIO_Pin_0|GPIO_Pin_1|GPIO_Pin_2|GPIO_Pin_3;
GPIO_InitStructure.GPIO_Mode = GPIO_Mode_AIN;
GPIO_Init(GPIOA, &GPIO_InitStructure);

//ADC 独立模式
ADC_InitStructure.ADC_Mode = ADC_Mode_Independent;
//开启扫描模式(多通道模式)
ADC_InitStructure.ADC_ScanConvMode = ENABLE;
//ADC 连续工作模式
ADC_InitStructure.ADC_ContinuousConvMode = ENABLE;
//软件启动 ADC
ADC_InitStructure.ADC_ExternalTrigConv = ADC_ExternalTrigConv_None;
//ADC 的转换结果右对齐
ADC_InitStructure.ADC_DataAlign = ADC_DataAlign_Right;
//开启的 ADC 通道数为 4
ADC_InitStructure.ADC_NbrOfChannel = 4;
//初始化 ADC1
ADC_Init(ADC1,&ADC_InitStructure);

//设置 ADC 通道 0～4 的转换顺序与采样时间
ADC_RegularChannelConfig(ADC1, ADC_Channel_0, 1,ADC_SampleTime_55Cycles5);
ADC_RegularChannelConfig(ADC1, ADC_Channel_1, 2,ADC_SampleTime_55Cycles5);
ADC_RegularChannelConfig(ADC1, ADC_Channel_2, 3,ADC_SampleTime_55Cycles5);
ADC_RegularChannelConfig(ADC1, ADC_Channel_3, 4,ADC_SampleTime_55Cycles5);

//设置 ADC 时钟的分频系数
RCC_ADCCLKConfig(RCC_PCLK2_Div6);
//复位 ADC1 的校准系统
ADC_ResetCalibration(ADC1);
//等待复位完成
while(ADC_GetResetCalibrationStatus(ADC1));
//启动 ADC1 的校准系统
ADC_StartCalibration(ADC1);
//等待校准完成
while(ADC_GetCalibrationStatus(ADC1));
//设置 DMA 起始地址为 ADC1 的 ADC_DR 地址
DMA_InitStructure.DMA_PeripheralBaseAddr = ((u32)0x40012400 + 0x4c);
//设置 DMA 目的地址为数组 ADC1result 的首地址
DMA_InitStructure.DMA_MemoryBaseAddr = (u32)&ADC1result;
//寄存器作为传输数据的来源(起始)
DMA_InitStructure.DMA_DIR = DMA_DIR_PeripheralSRC;
//设置 DMA 的缓存大小为 4 个数据长度
DMA_InitStructure.DMA_BufferSize = 4;
//寄存器地址指针不变
```

```
DMA_InitStructure.DMA_PeripheralInc = DMA_PeripheralInc_Disable;
//数组指针自动指向下一个
DMA_InitStructure.DMA_MemoryInc = DMA_MemoryInc_Enable;
//设置从寄存器取出的数据长度为16位
DMA_InitStructure.DMA_PeripheralDataSize = DMA_PeripheralDataSize_HalfWord;
//设置向数组存入的数据长度为16位
DMA_InitStructure.DMA_MemoryDataSize = DMA_MemoryDataSize_HalfWord;
//设置DMA为循环模式
DMA_InitStructure.DMA_Mode = DMA_Mode_Circular ;
//设置此DMA优先级为高
DMA_InitStructure.DMA_Priority = DMA_Priority_High ;
//关闭DMA的内存移动至内存功能(目前使用的是寄存器移至内存功能)
DMA_InitStructure.DMA_M2M = DMA_M2M_Disable;
//启动DMA1的ADC1通道DMA1_Channel1
DMA_Init(DMA1_Channel1, &DMA_InitStructure);
//使能DMA1_Channel1
DMA_Cmd(DMA1_Channel1, ENABLE);
//使能ADC1的DMA通道
ADC_DMACmd(ADC1, ENABLE);
//使能ADC1
ADC_Cmd(ADC1, ENABLE);
//软件启动ADC1
ADC_SoftwareStartConvCmd(ADC1, ENABLE);
}
```

初始化一个周期为100ms的定时器; 作为遥控数据,定时发送到四旋翼飞行器的接收端。

```
void TMIinit(u8 pri,u8 sub)
{
TIM_TimeBaseInitTypeDef TIM_TimeBaseStructure;
NVIC_InitTypeDef NVIC_InitStructure;
TIM_TimeBaseStructure.TIM_Period = 7200 - 1;
TIM_TimeBaseStructure.TIM_Prescaler = 1000 - 1; //100ms
TIM_TimeBaseStructure.TIM_ClockDivision = TIM_CKD_DIV1;
TIM_TimeBaseStructure.TIM_CounterMode = TIM_CounterMode_Up;
TIM_TimeBaseInit(TIM2, & TIM_TimeBaseStructure);

NVIC_PriorityGroupConfig(NVIC_PriorityGroup_2);
NVIC_InitStructure.NVIC_IRQChannel = TIM2_IRQn;
NVIC_InitStructure.NVIC_IRQChannelPreemptionPriority = pri;
NVIC_InitStructure.NVIC_IRQChannelSubPriority = sub;
NVIC_InitStructure.NVIC_IRQChannelCmd = ENABLE;
NVIC_Init(&NVIC_InitStructure);

TIM_ARRPreloadConfig(TIM2, ENABLE);
```

```
TIM_Cmd(TIM2, ENABLE);
TIM_ITConfig(TIM2, TIM_IT_Update,ENABLE);
TIM_ClearFlag(TIM2, TIM_FLAG_Update);
}
```

在定时器中断函数中将 4 个方向的 AD 值处理为实际数据并发送到四旋翼飞行器的接收端,这里 STM32F103 系列的 AD 为 12 位精度的,所以数据范围为 0~4096,由于除油门外的摇杆默认位置在中点对应的 AD 值为 2048 左右,又因为 AD 电压的上下波动,所以在此将判断值设置得略高/略低于 2048。

```
#define thro_max   900;
#define yaw_range   120;
#define pitch_range   200;
#define roll_range   200;
void TIM2_IRQHandler(void)
{
    //清除定时器 2 中断标志
    TIM_ClearFlag(TIM2, TIM_FLAG_Update);
    //使油门大小为 0~900
    thro = (float)ADC1result[1]/4090 * thro_max;
    //如果偏航摇杆的 AD 值在接受范围内
    if(ADC1result[0]<= 2050)
        {
            //使偏航值为 -120~0
            yaw = ((float)ADC1result[0]/2000 * yaw_range_zuo) - yaw_range_zuo;
        }
    else if(ADC1result[0]>= 2100)
        {
            ADC1result[0] -= 2100;
            //使偏航值为 0~120
            yaw = ((float)ADC1result[0]/2100) * yaw_range;
        }
    else{yaw = 0; }
        //如果俯仰摇杆的 AD 值在接受范围内
        if(ADC1result[3]<= 2050)
            {
                //使俯仰值为 -20.0~0
                pitch = ((float)ADC1result[3]/2050 * pitch_range - pitch_range);
            }
        else if(ADC1result[3]>= 2120)
            {
                ADC1result[3] -= 2100;
                //使俯仰值为 0~20.0
                pitch = (float)ADC1result[3]/2120 * pitch_range;
            }
```

```
            else{pitch = 0; }
            //如果横滚摇杆的 AD 值在接受范围内
            if(ADC1result[2]< = 2000)
                {
                    //使横滚值为 0～20.0
                    roll = roll_range - (float)ADC1result[2]/2000 * roll_range;
                }
            else if(ADC1result[2]> = 2100)
                {
                    ADC1result[2] -= 2100;
                    //使横滚值为 - 20.0～0
                    roll = (float)ADC1result[2]/2100 * - roll_range;
                }
            else
                {
                roll = 0;
                }
    //控制数据标志位
    data[0] = 0xaa;
    //将 16 位的油门数据变为 2 字节存储
    data[1] = thro >> 8; data[2] = thro&0x00ff;

    //将整数部分与小数部分分开存储
    data[3] = yaw; data[4] = pitch >> 8;
    data[5] = pitch&0x00ff;
    data[6] = roll >> 8;
    data[7] = roll&0x00ff;
    //数据整体性检验
    data[8] = data[1]^data[2]^data[3]^data[4]^data[5]^data[6]^data[7];

    //将数据发送至四旋翼飞行器端
    WirelessTx_handler(0,data,PACKET_LENGTH);
    }
```

　　将读取的 AD 值处理后判断摇杆此时的位置,也就是四旋翼飞行器所将要倾斜的角度,将这个数值发送给无线模块 SI4463。

　　当摇杆数值读取并处理完毕后依次存入字符型数组 data[]中并用函数 WirelessTx_handler(0,data,PACKET_LENGTH)发送至四旋翼飞行器端;同理,若想接收无线模块发送的数据,可使用函数 WirelessRx_handler(rcdata,PACKET_LENGTH),其中,rcdata 是另一个字符型数组,用来接收数据;PACKET_LENGTH 是将要发送或接收的数组成员个数。最后就可以将接收的数据显示在液晶屏上了。

4.7 摄像头软件设计

4.7.1 软件设计基本思路

四旋翼飞行器由于外因或内因不能依照指令完全地平稳飞行,可以在四旋翼飞行器上安装一个摄像头或 GPS 导航模块。对于 GPS 导航模块可以在室外通过预设的指令设计航线,让四旋翼飞行器按照预设的航线飞行;而摄像头适合在室内光照充足时使用,在白纸上画上黑颜色的跑道可以使其沿着跑道进行飞行,在室内使用摄像头使调试可以更加方便、快捷。

本书采用的摄像头型号为 MT9V034。该摄像头的输出数据可以直接用视频采集卡显示在显示器上,还可以输出数字信号供单片机进行处理。它的最大分辨率可达到 752×480 像素,不过考虑 STM32 的数据处理能力和实际使用情况,一般使用 160×240 像素的分辨率就可以达到要求。该摄像头可以设置输出彩色 RGB656 模式图像或直接输出灰度图像,这样省去了格式间转换造成的不便。

该摄像头可以使用 SCCB(Serial Camera Control Bus,串行摄像机控制总线)协议进行相关配置,默认情况下每 23ms 进行一帧数据的输出,所以其 FPS 大约为 43 帧每秒,完全满足四旋翼飞行器使用。

4.7.2 摄像头的数据读取

下面介绍如何读取摄像头输出的数据,该摄像头的各个引脚如表 4-7 所示。

表 4-7　摄像头部分引脚

引 脚 序 号	引 脚 名 称	引 脚 用 途
1	VCC	电源(5V)
2	GND	地
3	SDATA	SCCB 协议数据引脚
4	SCLK	SCCB 协议时钟引脚
5	STLN_OUT	行数据传输起始信号
6	PIXCLK	像素数据输出时钟
7	STFRM_OUT	帧数据传输起始信号
8	D0~D7	8 个数据输出引脚

下面介绍 STM32F407 自带的硬件摄像头接口 DCMI,它可以根据预先设置适应不同种类的摄像头。

DCMI 接口包括如下一些摄像头信号:

- 数据输入 D0~D7,用于接摄像头的数据输出,这里只用了 8 位数据;
- 水平同步(行同步)输入(HSYNC),用于接摄像头的 HSYNC/HREF 信号;

- 垂直同步(帧同步)输入(VSYNC)，用于接摄像头的 VSYNC 信号；
- 像素时钟输入(PIXCLK)，用于接摄像头的 PCLK 信号。

DCMI 接口是一个同步并行接口，可接收高速(可达 54MB/s)数据流。该接口包含多达数据线 Y0～Y7 和一条像素时钟线(PIXCLK)。像素时钟的极性可以编程，因此可以在像素时钟的上升沿或下降沿捕获数据。

DCMI 接收到的摄像头数据被放到一个 32 位数据寄存器(DCMI_DR)中。该寄存器中图像数据自下而上进行累积，然后通过 DMA 进行传输，传输到一个特定的数组内。

下面介绍 STM32F407 的 DCMI 初始化设置。

引脚、中断设置、DMA、DCMI 的结构体初始化。

```
GPIO_InitTypeDef GPIO_InitStructure;
NVIC_InitTypeDef NVIC_InitStructure;
DCMI_InitTypeDef DCMI_InitStructure;
DMA_InitTypeDef DMA_InitStructure;
```

下面是对 DCMI 功能所使用的引脚进行初始化设置。

```
GPIO_InitStructure.GPIO_Pin = GPIO_Pin_4|GPIO_Pin_6;
GPIO_InitStructure.GPIO_Mode = GPIO_Mode_AF;
GPIO_InitStructure.GPIO_OType = GPIO_OType_PP;
GPIO_InitStructure.GPIO_Speed = GPIO_Speed_100MHz;
GPIO_InitStructure.GPIO_PuPd = GPIO_PuPd_UP;
GPIO_Init(GPIOA,&GPIO_InitStructure);

GPIO_InitStructure.GPIO_Pin = GPIO_Pin_7|GPIO_Pin_6;
GPIO_Init(GPIOB,&GPIO_InitStructure);

GPIO_InitStructure.GPIO_Pin = GPIO_Pin_6|GPIO_Pin_7|GPIO_Pin_8|GPIO_Pin_9|GPIO_Pin_11;
GPIO_Init(GPIOC,&GPIO_InitStructure);

GPIO_InitStructure.GPIO_Pin = GPIO_Pin_5|GPIO_Pin_6;
GPIO_Init(GPIOE,&GPIO_InitStructure);

GPIO_PinAFConfig(GPIOA,GPIO_PinSource4,GPIO_AF_DCMI);
GPIO_PinAFConfig(GPIOA,GPIO_PinSource6,GPIO_AF_DCMI);
GPIO_PinAFConfig(GPIOB,GPIO_PinSource7,GPIO_AF_DCMI);
GPIO_PinAFConfig(GPIOC,GPIO_PinSource6,GPIO_AF_DCMI);
GPIO_PinAFConfig(GPIOC,GPIO_PinSource7,GPIO_AF_DCMI);
GPIO_PinAFConfig(GPIOC,GPIO_PinSource8,GPIO_AF_DCMI);
GPIO_PinAFConfig(GPIOC,GPIO_PinSource9,GPIO_AF_DCMI);
GPIO_PinAFConfig(GPIOC,GPIO_PinSource11,GPIO_AF_DCMI);
GPIO_PinAFConfig(GPIOB,GPIO_PinSource6,GPIO_AF_DCMI);
GPIO_PinAFConfig(GPIOE,GPIO_PinSource5,GPIO_AF_DCMI);
GPIO_PinAFConfig(GPIOE,GPIO_PinSource6,GPIO_AF_DCMI);
```

STM32F407 复用成 DCMI 功能的引脚对照如表 4-8 所示。

表 4-8 STM32F407 复用成 DCMI 功能的引脚对照

引 脚 序 号	引 脚 名 称	引 脚 用 途
1	PA4	DCMI_HSYNC
2	PA6	DCMI_PCLK
3	PB7	DCMI_VSYNC
4	PC6	DCMI_D0
5	PC7	DCMI_D1
6	PC8	DCMI_D2
7	PC9	DCMI_D3
8	PC11	DCMI_D4
9	PB6	DCMI_D5
10	PE5	DCMI_D6
11	PE6	DCMI_D7

下面是 DCMI 相关的设置。

```
DCMI_InitStructure.DCMI_CaptureMode = DCMI_CaptureMode_Continuous;
//DCMI 连续模式
DCMI_InitStructure.DCMI_CaptureRate = DCMI_CaptureRate_All_Frame;
//采集所有帧数
DCMI_InitStructure.DCMI_ExtendedDataMode = DCMI_ExtendedDataMode_8b;
//每次采集 8 位数据长度
DCMI_InitStructure.DCMI_HSPolarity = DCMI_HSPolarity_Low;
//HSYNC 低电平有效
DCMI_InitStructure.DCMI_PCKPolarity = DCMI_PCKPolarity_Rising;
//PLCK 时钟上升沿有效
DCMI_InitStructure.DCMI_SynchroMode = DCMI_SynchroMode_Hardware;
//硬件同步 HSYNC,VSYNC
DCMI_InitStructure.DCMI_VSPolarity = DCMI_VSPolarity_Low;
//VSYNC 低电平有效
DCMI_Init(&DCMI_InitStructure);
//初始化 DCMI
DCMI_ITConfig(DCMI_IT_FRAME,ENABLE);
//设置 DCMI 每一帧采集完毕后进行一次中断
DCMI_Cmd(ENABLE);
/ * 使能 DCMI
DCMI 读取摄像头输出的一帧数据后,DMA 自动将数据移动到数组 cam_buf 中(数组大小视图像分辨率
而定) * /
DMA_InitStructure.DMA_Channel = DMA_Channel_1;
//使用 DMA 的通道 1
DMA_InitStructure.DMA_PeripheralBaseAddr = (u32)&DCMI -> DR;
```

```
//DMA 起始外设地址为 DCMI 中的 DR 寄存器地址
DMA_InitStructure.DMA_Memory0BaseAddr = (u32)&cam_buf;
//DMA 目标为数组 cam_buf 的地址
DMA_InitStructure.DMA_DIR = DMA_DIR_PeripheralToMemory;
//外设到内部存储区模式
DMA_InitStructure.DMA_BufferSize = 7200;
/* DMA 所要传输的数据量(这里分辨率为 120 * 240 像素,每像素的长度为 8 位,DR 寄存器长度为 32
位,故 120 * 240/4 = 7200) */
DMA_InitStructure.DMA_PeripheralInc = DMA_PeripheralInc_Disable;
//外设非增量模式
DMA_InitStructure.DMA_MemoryInc = DMA_MemoryInc;
//内部存储区为增量模式
DMA_InitStructure.DMA_PeripheralDataSize = DMA_PeripheralDataSize_Word;
//外设数据长度 32 位
DMA_InitStructure.DMA_MemoryDataSize = DMA_MemoryDataSize_Word;
//存储区数据长度 32 位
DMA_InitStructure.DMA_Mode = DMA_Mode_Circular;
//DMA 循环工作模式
DMA_InitStructure.DMA_Priority = DMA_Priority_High;
//高优先级
DMA_InitStructure.DMA_FIFOMode = DMA_FIFOMode_Enable;
//使能 FIFO
DMA_InitStructure.DMA_FIFOThreshold = DMA_FIFOThreshold_Full
//使用 FIFO 的全部空间
DMA_InitStructure.DMA_MemoryBurst = DMA_MemoryBurst_Single;
//存储区突发单次传输
DMA_InitStructure.DMA_PeripheralBurst = DMA_PeripheralBurst_Single;
//外设突发单次传输
DMA_Init(DMA2_Stream1,&DMA_InitStructure);
//对 DMA 进行设置
DMA_Cmd(DMA2_Stream1,ENABLE);
//使能 DMA
```

下面是关于 DCMI 中断与优先级的设置。

```
NVIC_InitStructure.NVIC_IRQChannel = DCMI_IRQn;
NVIC_InitStructure.NVIC_IRQChannelPreemptionPriority = 0;
NVIC_InitStructure.NVIC_IRQChannelSubPriority = 0;
NVIC_InitStructure.NVIC_IRQChannelCmd = ENABLE;
NVIC_Init(&NVIC_InitStructure);
DCMI_CaptureCmd(ENABLE);
//DCMI 开始进行工作
```

详细的图像处理方法,请参阅第 5 章。

4.8　上位机设计

四旋翼飞行器在设计过程中,涉及对陀螺仪数据的获取,可以通过上位机软件直观地观测其运行情况。本书上位机设计采用 LabVIEW 软件实现,简单直观,易操作。

LabVIEW 是一种程序开发环境,由美国国家仪器(NI)公司研制开发,类似于 C 和 BASIC 开发环境。LabVIEW 与其他计算机语言的显著区别是:其他计算机语言都是采用基于文本的语言产生代码,而 LabVIEW 使用的是图形化编辑语言编写程序,产生的程序是框图形式。

LabVIEW 软件是 NI 设计平台的核心,也是开发测量或控制系统的理想选择。LabVIEW 开发环境集成了工程师和科学家快速构建各种应用所需的所有工具,旨在帮助工程师和科学家解决问题、提高生产力和不断创新。

LabVIEW 最初是为测试测量而设计的,测试测量是现在 LabVIEW 最广泛的应用领域。经过多年的发展,LabVIEW 在测试测量领域获得了广泛的承认。至今,大多数主流的测试仪器、数据采集设备都拥有专门的 LabVIEW 驱动程序,使用 LabVIEW 可以非常便捷地控制这些硬件设备。同时,用户也可以十分方便地找到各种适用于测试测量领域的 LabVIEW 工具包。这些工具包几乎覆盖了用户所需的所有功能,用户在这些工具包的基础上再开发程序就容易多了。有时,只需简单地调用几个工具包中的函数,就可以组成一个完整的测试测量应用程序。

图 4-20 所示为四旋翼飞行器的 3D 模型,它形象地反映了四旋翼飞行器的实时状态。图 4-21 所示为三轴的角度实时运行曲线。

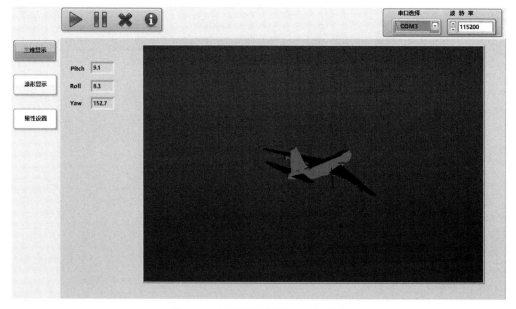

图 4-20　四旋翼飞行器 3D 模型图

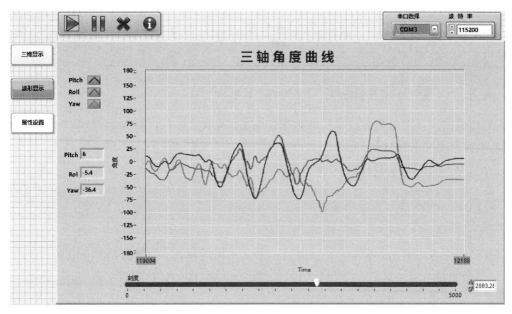

图 4-21　三轴的角度运行曲线

下面简单介绍采用 LabVIEW 设计该上位机软件的方法，具体的 LabVIEW 语法这里不再说明，感兴趣的读者可以查看相关的参考书，本书电子版参考资料中给出了上位机设计多个版本的源代码，读者可以自行修改一个适合自己使用的版本。

图 4-22 为 LabVIEW 系统软件总体图，可以看出，该软件采用子程序模块编写，和一般软件采用子程序一致，其代码清晰，便于维护。LabVIEW 是一种图形界面，如果不采用子程序，用计算机的屏幕阅读程序不方便。该上位机采用串口进行数据传输，所谓的"上位机

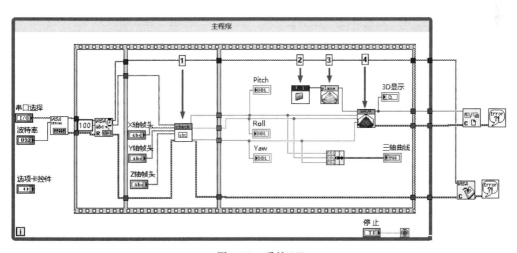

图 4-22　系统 VI

软件"实际上通过串口完成姿态参数的传递,然后通过曲线显示和 3D 显示,把数据实时地显示在上位机上,除了 VISA 配置串口()模块,还包括帧头检测、3D 模型路径、3D 模型属性设置、陀螺仪 3D 数据显示等子程序模块。

4.8.1　帧头检测模块

上位机的设计需要配合下位机的数据传输方式,该上位机设计是通过串口实现数据的传输,下位机程序关键代码如下:

```
Pitch = asin( - 2 * q1 * q3 + 2 * q0 * q2) * 57.3;
Roll = atan2(2 * q2 * q3 + 2 * q0 * q1, - 2 * q1 * q1 - 2 * q2 * q2 + 1) * 57.3;
Yaw = atan2(2 * (q1 * q2 + q0 * q3),q0 * q0 + q1 * q1 - q2 * q2 - q3 * q3) * 57.3;
printf("a%.1fb%.1fc%.1f",Pitch,Roll,Yaw);
```

从代码中可以看出,采集到的数据通过 printf 语句输出,输出的是 Pitch、Roll 和 Yaw 数据,它是通过 a、b、c 这三个字母作为帧头检测三组数据,上位机检测到 a、b、c 后,将三组数据分开。其程序框图如图 4-23 所示。

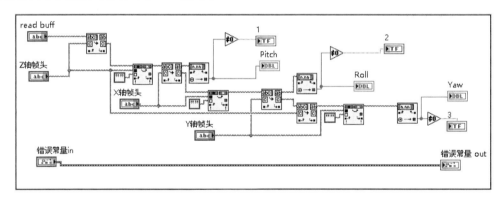

图 4-23　帧头检测 VI

帧头检测关键语句通过 LabVIEW 即时帮助给出信息,读者可以清晰地看出其使用方法,帧头检测关键过程如下。

(1) 搜索拆分字符串 VI:使一个字符串拆分为两个子串,如图 4-24 所示。

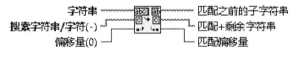

图 4-24　搜索拆分字符串 VI

(2) 搜索替换字符串 VI:使一个或所有子字符串替换为另一子字符串。如需使用多行输入端,并启用高级正则表达式搜索,可右击函数并选择正则表达式,如图 4-25 所示。

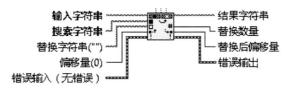

图 4-25　搜索替换字符串 VI

（3）分数/指数字符串至数值转换 VI：从偏移量位置开始，使字符串中的一些字符如
0～9、加号、减号、e、E、小数点（解析为工程、科学或分数格式的浮点数并通过返回数字），如
图 4-26 所示。

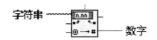

图 4-26　分数/指数字符串至数值转换 VI

在上位机属性对话框预留了数据帧头，当下位机发送的数据帧头发生变化时，可以在属
性设置里面修改，如图 4-27 所示。

图 4-27　上位机属性设置对话框

4.8.2　3D 模型路径模块

airplane.ASE 不属于 LabVIEW 软件的基本库，当使用其 3D 模型时，需要指定 3D 模
型的路径来源，软件如图 4-28 所示。

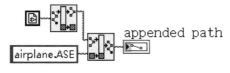

图 4-28　路径软件 VI

路径模块关键语句通过 LabVIEW 即时帮助给出信息，读者可以清晰地看出其使用方
法，路径检测关键过程如下。

1. 拆分路径 VI

返回路径最后部分的名称和最后部分之前的拆分的路径,如图 4-29 所示。

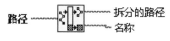

图 4-29　拆分路径 VI

2. 创建路径 VI

在现有路径后添加名称(或相对路径),创建新路径,如图 4-30 所示。

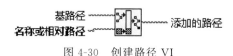

图 4-30　创建路径 VI

4.8.3　3D 模型属性设置模块

改变子 VI 主要是设置对象、大小、位置、尺寸等参数。图 4-31 为 3D 模型属性设置 VI。

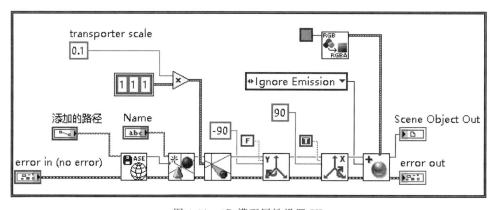

图 4-31　3D 模型属性设置 VI

1. 加载 ASE 几何 VI

加载以三维 ASE(Studio ASCII Exchange)格式保存的三维对象模型并显示在三维场景中,如图 4-32 所示。

图 4-32　加载 ASE 几何 VI

2. 创建对象 VI

创建新三维对象并显示在三维场景中。如需在三维图片控件中显示新对象,必须通过场景对象属性和场景对象方法设置对象的几何形式和其他属性,如图 4-33 所示。

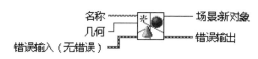

图 4-33　创建对象 VI

3. 设置缩放 VI

清除之前对三维场景中对象的缩放操作,对该对象使用指定的缩放因子。该 VI 从对象的初始位置进行绝对缩放,如图 4-34 所示。

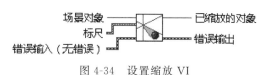

图 4-34　设置缩放 VI

4. 旋转 Y 轴/X 轴 VI

按 Y 轴/X 轴旋转对象,如图 4-35 所示。

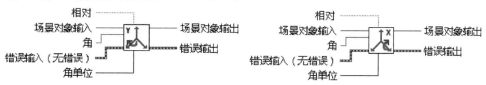

图 4-35　旋转 Y 轴/X 轴 VI

5. 设置材质 VI

指定显示时光源等是使用的表面属性。该 VI 中指定的输入仅在有光源的场景中出现,如图 4-36 所示。

6. 颜色改变 VI

转换 RGB 色和 Alpha 为可应用在三维对象上的 RGBA 簇,如图 4-37 所示。

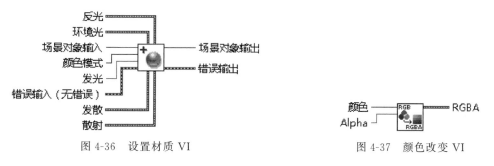

图 4-36　设置材质 VI　　　　　　　　　　图 4-37　颜色改变 VI

4.8.4　陀螺仪 3D 数据显示模块

3D 数据显示模块,通过一个 3D 模型飞机,形象地显示陀螺仪的姿态变化。为了观察更直观,在 3D 模型上叠加一个 3D 坐标系,图 4-38 为 3D 数据显示子 VI。

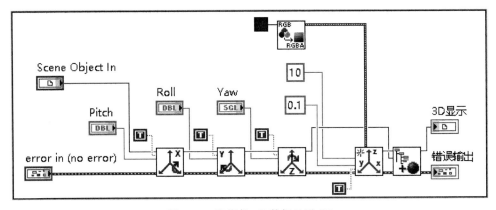

图 4-38　陀螺仪 3D 数据显示 VI

1. 创建 3D 坐标轴 VI

创建 x、y 和 z 轴对象以定义场景中的 3D 空间,如图 4-39 所示。

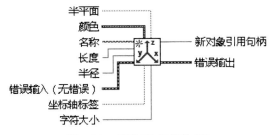

图 4-39　创建 3D 坐标轴 VI

2. 颜色改变 VI

转换 RGB 色和 Alpha 为可应用在 3D 对象上的 RGBA 簇,如图 4-40 所示。

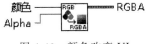

图 4-40　颜色改变 VI

3. 添加对象 VI

添加一个新对象至 3D 场景并返回新对象的引用,如图 4-41 所示。

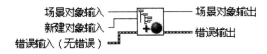

图 4-41　添加对象 VI

第5章

四旋翼飞行器图像采集处理专题

四旋翼飞行器通过读取陀螺仪的数据进行姿态稳定控制,其本质是以自身为参考坐标系来稳定控制目标,由于确定空间的绝对位置较困难,所以单纯地采用陀螺仪进行位置控制有较大的缺陷。本章单独开辟一个专题,作为前面章节的补充,介绍采用图像处理的方式实现绝对位置控制。

5.1 总体概述

为实现空间平面的精确位置控制,在四旋翼飞行器设计中加入摄像头模块,型号为 MT9V034。单片机读取摄像头的黑白图像数据,经过一系列的图像算法,最终计算出四旋翼飞行器在空间中的绝对位置。

本次实现的环境设定为在四旋翼飞行器下方有一条与背景颜色分明的直线,先对读取的原始图像数据进行自适应中值滤波处理,再通过 Sobel 边沿提取算法将处理后的图像数据进行边沿提取,使用 OTSU 二值化算法将含有边沿信息的图像数据前景与背景分开进行二值化处理,使用并行 Zhang 图像细化算法将已经二值化的边沿部分细化成单一像素,最后使用概率累加霍夫变换提取已经细化的图像数据中的直线信息,如直线在图像中的起始坐标、终止坐标、倾斜斜率等,通过这些数据就可以进行四旋翼飞行器的空间位置控制,图像处理流程如图 5-1 所示。

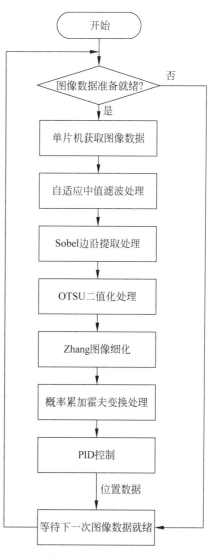

图 5-1 图像处理流程

5.2　图像算法

本节对图像处理中用到的自适应中值滤波算法、Sobel 边沿提取算法、OTSU 二值化算法、Zhang 图像细化算法以及概率累加霍夫变换算法进行说明,最终实现图像处理数据的有效使用。

5.2.1　自适应中值滤波算法

图像在成像、数值化和传输等过程中容易受到各种干扰效应形成噪声。这些噪声在图像中与物体边缘很相似。在进行图像平滑处理时,追求的目标是既能消除掉这些噪声又不使图像的边缘轮廓和线条细节变模糊。常用的图像平滑处理方法主要有邻域平均法、低通滤波法和中值滤波法等。当图像中含有大量的椒盐噪声(脉冲噪声)时,使用中值滤波法效果尤为明显。

常规中值滤波法去除脉冲噪声的性能受滤波窗口尺寸的影响较大,而且它在抑制图像噪声和保护细节两方面存在一定的矛盾:滤波窗口小,可较好地保护图像中某些细节,但滤除噪声的能力会受到限制;反之,滤波窗口大,可加强噪声抑制能力,但对细节的保护能力会减弱,有时会滤去图像中的一些细线、尖锐边角等重要细节,从而破坏图像的几何结构。这种矛盾在图像中噪声干扰较大时表现得尤为明显。根据经验,在脉冲噪声强度大于 0.2 时,常规中值滤波法的效果就不令人满意。但是,由于常规中值滤波器所使用的滤波窗口大小是固定不变的,所以,在选择窗口大小和保护细节两方面只能做到二选一,这样,矛盾就始终不能解决。因此,需要寻求其他的改进算法来解决这一矛盾。

自适应中值滤波器的滤波方式和常规的中值滤波器一样,都使用一个矩形区域的窗口 S_{xy},不同的是在滤波过程中,自适应滤波器会根据一定的设定条件改变(即增加)滤波窗口的大小,同时当判断滤波窗中心的像素是噪声时,最终值用中值代替,否则不改变其当前像素值,这样用滤波器的输出来替代像素值。自适应中值滤波器可以处理噪声概率更大的脉冲噪声,同时能够更好地保持图像细节,这是常规中值滤波器很难做到的。

自适应中值滤波总体上可以分为三步:

(1)对图像各区域进行噪声检测;

(2)根据各区域受噪声污染的状况确定滤波窗口的尺寸;

(3)对检测出的噪声点进行滤波。

在 S_{xy} 定义的滤波器区域内定义如下变量:

- Z_{min}:S_{xy} 中的最小灰度值;
- Z_{max}:S_{xy} 中的最大灰度值;
- Z_{med}:S_{xy} 中的灰度值的中值;
- Z_{xy}:坐标中的灰度值;
- S_{max}:S_{xy} 允许的最大尺寸。

自适应中值滤波算法包含两个进程,分别表示为进程 A 和进程 B。

进程 A：

$$A_1 = Z_{med} - Z_{min}$$
$$A_2 = Z_{med} - Z_{max}$$

说明：如果 $A_1 > 0$ 且 $A_2 < 0$，则转至进程 B 否则增大窗口尺寸；

如果窗口尺寸 $\leqslant S_{max}$，则重复进程 A，否则输出 Z_{med}。

进程 B：

$$B_1 = Z_{xy} - Z_{min}$$
$$B_2 = Z_{xy} - Z_{max}$$

说明：如果 $B_1 > 0$ 且 $B_2 < 0$，则输出 Z_{xy}，否则输出 Z_{med}。

处理效果如图 5-2 所示。

(a) 原始图像

(b) 椒盐噪声图像

(c) 中值滤波图像

(d) 自适应中值滤波图像

图 5-2 自适应中值滤波算法效果

软件实现方法如下：

```
void image_RAMF(u8 * ptr,u8 * out)
{
u8 median[9] = {0},temp,median_25[25] = {0};
u8 buf[FULL_IMAGE_COLUMN_SIZE − 2] = {0};
// (1) 设置图像宽度大小为 118
for(u8 i = 0;i < FULL_IMAGE_ROW_SIZE;i++)
    {
// (2) 设置图像长度大小为 158
```

```
for(u8 j = 0;j < FULL_IMAGE_COLUMN_SIZE;j++)
{
// (3) 跳过视频图像数据边界
if(i < 2||j < 2||i >(FULL_IMAGE_ROW_SIZE3)||j >(FULL_IMAGE_COLUMN_SIZE - 3))
                    {
                    out[i * FULL_IMAGE_COLUMN_SIZE + j] = ptr[i * FULL_IMAGE_COLUMN_SIZE + j];
                    }
                    else{
// (4) 分别把 9 个像素放入 median 中
median[0] = ptr[(i1) * FULL_IMAGE_COLUMN_SIZE + (j - 1)];
median[1] = ptr[(i1) * FULL_IMAGE_COLUMN_SIZE + (j)];
median[2] = ptr[(i1) * FULL_IMAGE_COLUMN_SIZE + (j + 1)];
median[3] = ptr[(i) * FULL_IMAGE_COLUMN_SIZE + (j - 1)];
median[4] = ptr[(i) * FULL_IMAGE_COLUMN_SIZE + (j)];
median[5] = ptr[(i) * FULL_IMAGE_COLUMN_SIZE + (j + 1)];
median[6] = ptr[(i + 1) * FULL_IMAGE_COLUMN_SIZE + (j - 1)];
median[7] = ptr[(i + 1) * FULL_IMAGE_COLUMN_SIZE + (j)];
median[8] = ptr[(i + 1) * FULL_IMAGE_COLUMN_SIZE + (j + 1)];
// (5) 对 9 个数据排序,选择中值
for (u8 y = 0; y < 8; y++)
{
for (u8 x = 0; x < 8 - y; x++)
{
if (median[x] > median[x + 1])
{
    temp = median[x];
    median[x] = median[x + 1];
    median[x + 1] = temp;
}
    }
            }
// (6) 中值和最大值或最小值一样,选用 5 × 5 的中值滤波
if((median[4] == median[0])||(median[4] == median[8]))
            {
// (7) 分别把 25 个像素放入 median-25 中
median_25[0] = ptr[(i - 2) * FULL_IMAGE_COLUMN_SIZE + (j - 2)];
median_25[1] = ptr[(i - 2) * FULL_IMAGE_COLUMN_SIZE + (j - 1)];
median_25[2] = ptr[(i2) * FULL_IMAGE_COLUMN_SIZE + (j)];
median_25[3] = ptr[(i2) * FULL_IMAGE_COLUMN_SIZE + (j + 1)];
median_25[4] = ptr[(i2) * FULL_IMAGE_COLUMN_SIZE + (j + 2)];
median_25[5] = ptr[(i1) * FULL_IMAGE_COLUMN_SIZE + (j - 2)];
median_25[6] = ptr[(i - 1) * FULL_IMAGE_COLUMN_SIZE + (j - 1)];
```

```
median_25[7] = ptr[(i1) * FULL_IMAGE_COLUMN_SIZE + (j)];
median_25[8] = ptr[(i1) * FULL_IMAGE_COLUMN_SIZE + (j + 1)];
median_25[9] = ptr[(i1) * FULL_IMAGE_COLUMN_SIZE + (j + 2)];
median_25[10] = ptr[(i) * FULL_IMAGE_COLUMN_SIZE + (j - 2)];
median_25[11] = ptr[(i) * FULL_IMAGE_COLUMN_SIZE + (j - 1)];
median_25[12] = ptr[(i) * FULL_IMAGE_COLUMN_SIZE + (j)];
median_25[13] = ptr[(i) * FULL_IMAGE_COLUMN_SIZE + (j + 1)];
median_25[14] = ptr[(i) * FULL_IMAGE_COLUMN_SIZE + (j + 2)];
median_25[15] = ptr[(i + 1) * FULL_IMAGE_COLUMN_SIZE + (j - 2)];
median_25[16] = ptr[(i + 1) * FULL_IMAGE_COLUMN_SIZE + (j - 1)];
median_25[17] = ptr[(i + 1) * FULL_IMAGE_COLUMN_SIZE + (j)];
median_25[18] = ptr[(i + 1) * FULL_IMAGE_COLUMN_SIZE + (j + 1)];
median_25[19] = ptr[(i + 1) * FULL_IMAGE_COLUMN_SIZE + (j + 2)];
median_25[20] = ptr[(i + 2) * FULL_IMAGE_COLUMN_SIZE + (j - 2)];
median_25[21] = ptr[(i + 2) * FULL_IMAGE_COLUMN_SIZE + (j - 1)];
median_25[22] = ptr[(i + 2) * FULL_IMAGE_COLUMN_SIZE + (j)];
median_25[23] = ptr[(i + 2) * FULL_IMAGE_COLUMN_SIZE + (j + 1)];
median_25[24] = ptr[(i + 2) * FULL_IMAGE_COLUMN_SIZE + (j + 2)];
// (8) 排序,原理同上
for (u8 y = 0; y < 24; y++)
{
    for (u8 x = 0; x < 24 - y; x++)
    {
        if (median_25[x] > median_25[x + 1])
            {
        temp = median_25[x];
        median_25[x] = median_25[x + 1];
        median_25[x + 1] = temp;
            }
    }
}
if((median_25[12] == median_25[0])||(median_25[12] == median_25[24]))
        {
        out[i * FULL_IMAGE_COLUMN_SIZE + j] = median_25[12];
        }
else    {
        out[i * FULL_IMAGE_COLUMN_SIZE + j] = ptr[i * FULL_IMAGE_COLUMN_SIZE + j];
        }
}
else    {
        out[i * FULL_IMAGE_COLUMN_SIZE + j] = ptr[i * FULL_IMAGE_COLUMN_SIZE + j];
        }
```

```
                          }
                    }
              }
        }
```

5.2.2 Sobel 边缘提取算法

边缘检测是为了将图像周围像素灰度有阶跃变化的像素检测出来,这些像素组成的集合就是该图像的边缘。比较常用的边缘检测方法就是考察每个像素在某个领域内灰度的变化,然后利用边缘临近一阶或二阶方向导数变化规律检测边缘,即边缘检测局部算法。

常用的边缘检测算子有 Sobel,Roberts,Prewitt,Laplace 等。Sobel 算子的检测过程是将图像的每一个点都用 Sobel 算子做卷积:一个用来检测垂直边缘,一个用来检测水平边缘,而最后两个卷积的最大值将作为该点的输出,即检测后的灰度。Sobel 算子包括两组 3×3 的矩阵,左边的表示垂直,右边的表示水平。将它与图像作平面卷积,即可分别得出垂直及水平的亮度差分近似值。Sobel 算子矩阵的一般形式如图 5-3 所示。

−1	−2	−1
0	0	0
1	2	1

−1	0	1
−2	0	2
−1	0	1

图 5-3　Sobel 算子(Y 方向,X 方向)

将 Sobel 算子矩阵与原始灰度图像做卷积,可得到对应的边沿图像,效果如图 5-4 所示。

(a) 原始图像　　　　　　　　(b) Sobel算法处理后

图 5-4　边缘提取算法效果

软件实现方法如下:

```
// (1) XY 方向的 Sobel 模板
const s8 sly[9] = { -1 , -2 , -1 ,0 ,0 ,0,1 ,2 ,1};
const s8 slx[9] = { -1, 0, 1, -2 ,0, 2, -1,0 ,1};
```

```
void image_ave( u8 const  * ptr, u8  * out)
{
s16 sum_x = 0, sum_y = 0, sum = 0; ;
u16 top, mid, low;
// (2) 设置图像宽度
for(u8 i = 0; i < FULL_IMAGE_ROW_SIZE; i++)
    {
        top = (i - 1) * FULL_IMAGE_COLUMN_SIZE;
        mid = i * FULL_IMAGE_COLUMN_SIZE;
        low = (i + 1) * FULL_IMAGE_COLUMN_SIZE;
// (3) 设置图像长度
for(u8 j = 0; j < FULL_IMAGE_COLUMN_SIZE; j++)
{
if(i == 0 || j == 0 || i == (FULL_IMAGE_ROW_SIZE - 1) || j >= (FULL_IMAGE_COLUMN_SIZE - 2))
            {
                out[ i * FULL_IMAGE_COLUMN_SIZE + j] = 0;
            }
    else{
// (4) 图像分别乘 XY 方向的模板并相加
        sum_x = ((s16)ptr[top + j - 1] * slx[0])
            + ((s16)ptr[top + j] * slx[1])
            + ((s16)ptr[top + j + 1] * slx[2])
            + ((s16)ptr[mid + j - 1] * slx[3])
            + ((s16)ptr[mid + j] * slx[4])
            + ((s16)ptr[mid + j + 1] * slx[5])
            + ((s16)ptr[low + j - 1] * slx[6])
            + ((s16)ptr[low + j] * slx[7])
            + ((s16)ptr[low + j + 1] * slx[8]);
        sum_y = ((s16)ptr[top + j - 1] * sly[0])
            + ((s16)ptr[top + j] * sly[1])
            + ((s16)ptr[top + j + 1] * sly[2])
            + ((s16)ptr[mid + j - 1] * sly[3])
            + ((s16)ptr[mid + j] * sly[4])
            + ((s16)ptr[mid + j + 1] * sly[5])
            + ((s16)ptr[low - 1] * sly[6])
            + ((s16)ptr[low + j] * sly[7])
            + ((s16)ptr[low + j + 1] * sly[8]);
    sum = sum_x + sum_y;
            if(sum > 255)
                {sum = 255; }
            else if(sum < 0)
                {sum = 0; }
```

```
        out[mid + j] = sum;
            }
        }
        }
}
```

5.2.3 OTSU 二值化算法

OTSU 算法也称最大类间差法,有时也称为大津算法,由大津于 1979 年提出,被认为是图像分割中阈值选取的最佳算法,其计算简单,不受图像亮度和对比度的影响,因此在数字图像处理上得到了广泛的应用。它是按图像的灰度特性,将图像分成背景和前景两部分。因方差是灰度分布均匀性的一种度量,背景和前景之间的类间方差越大,说明构成图像的两部分的差别越大,当部分前景错分为背景或部分背景错分为前景都会导致两部分差别变小。因此,使类间方差最大的分割意味着错分概率最小。

对于图像 $I(x,y)$,前景(即目标)和背景的分割阈值记作 T,属于前景的像素点数占整幅图像的比例记为 w_0,其平均灰度为 u_0;背景像素点数占整幅图像的比例为 w_1,其平均灰度为 u_1。图像的总平均灰度记为 u,类间方差记为 g。

假设图像的背景较暗,并且图像的大小为 $M\times N$,图像中像素的灰度值小于阈值 T 的像素个数记作 N_0,像素灰度大于阈值 T 的像素个数记作 N_1,则有:

$$w_0 = \frac{N_0}{M\times N} \tag{5-1}$$

$$w_1 = \frac{N_1}{M\times N} \tag{5-2}$$

$$u = w_0 \times u_0 + w_1 \times u_1 \tag{5-3}$$

$$g = w_0 \times (u_0 - u)^{\wedge}2 + w_1 \times (u_1 - u)^{\wedge}2 \tag{5-4}$$

将式(5-3)代入式(5-4),得到等价公式:

$$g = w_0 \times w_1 \times (u_0 - u)^{\wedge}2 \tag{5-5}$$

采用遍历的方法使类间方差 g 最大,此时的阈值为 T,即为所求。效果如图 5-5 所示。

(a) 原始图像   (b) 二值算法处理后

图 5-5 OTSU 二值化算法效果

软件实现方法：用最大类间方差法求整张图像前景背景的阈值。

```
u8 otsu( u8 const * ptr)
{
    float histogram[256] = {0};
    u16 i = 0;
    float avgValue = 0;
    u8 threshold = 0;
    float maxVariance = 0;
    float w = 0, u = 0;
    float t = 0, variance = 0;
// (1) 直方图
for( i = 0; i < FULL_IMAGE_SIZE; i++)
{
    histogram[(u16)( * ptr++)]++;
}
for( i = 0; i < 256; i++)
    {
        histogram[i] = histogram[i] / FULL_IMAGE_SIZE;
    }
    for( i = 0; i < 256; i++)
    {
// (2) 设置整幅图像的平均灰度
    avgValue += i * histogram[i];
}
for( i = 0; i < 256; i++)
{
// (3) 假设当前灰度 i 为阈值, 确定 0～i 灰度的像素(假设像素值在此范围的像素叫作前景像素)
// 所占整幅图像的比例
w += histogram[i];
// (4) 灰度 i 之前的像素(0～i)的平均灰度值: 前景像素的平均灰度值
    u += i * histogram[i];
    t = avgValue * w - u;
    variance = t * t / (w * (1 - w) );
    if(variance > maxVariance)
    {
        maxVariance = variance;
        threshold = i;
    }
}
// (5) 通过阈值对图像进行二值化处理
    void TT(u8 const * ptr, u8 * out, u16 threshold)
    {
        for( u16 i = 0; i < FULL_IMAGE_SIZE; i++)
        {
        if((ptr[i]) > threshold)
        {
```

```
                    out[i] = white;
            }
        else  { out[i] = black;}
    }
    }
```

5.2.4 并行 Zhang 图像细化算法

经过二值化后的图像由多个像素构成的直线组成,这样的图像数据不能直接给霍夫变换算法进行处理,需要进行图像细化。图像细化就是连续移除图像最外层的像素,将多像素的线条转化为单像素,在图像特征不改变的前提下减少信息的存储量,同时在图像骨架中提取图像的特征。因此,细化效果的好坏直接影响系统识别直线的性能。

(1) 细化算法一般要满足下面的要求:

(2) 细化后保证图像骨架的连通性;

(3) 细化后原图像的细节特征要保存完好;

(4) 原线条的中心线为细化的结果;

(5) 保存完好线条的端点;

(6) 交叉的线条细化后不能发生畸变;

(7) 细化的快速性。

根据是否采用迭代运算可以分为非迭代细化算法和迭代细化算法。非迭代算法不以像素为基础,一次运算就可以产生图像骨架,这种算法处理速度快但容易产生噪声点。迭代算法需要删除掉图像边缘满足一定条件的像素,使图像变为单像素带宽的骨架。根据检查像素所使用的不同方法,又把迭代细化算法分成串行细化算法和并行细化算法。在串行算法中,每次迭代都选择固定的顺序来检查像素,判断像素是否需要删除,像素是否删除取决于本次迭代中已处理过的像素点和前次迭代的结果。在并行算法中,像素点是否删除与像素图像中的顺序无关,仅取决于前次迭代的结果,因此在每次迭代中所有像素被以并行的方式独立检测。

目前已有很多种细化算法。如经典细化算法、Pavlidis 异步细化算法、Deutseh 算法、并行 Zhang 图像细化算法等。其中并行 Zhang 图像细化算法是一种实用的细化方法,它是一种 8 邻域并行细化算法,该细化算法能够较精确地保持直线、T 行交叉和拐角的特性,并且该算法需要的迭代次数少,运行速度快。但该算法仍存在丢失局部信息、细化后存在冗余像素等缺点。

P9	P2	P3
P8	P1	P4
P7	P6	P5

图 5-6 8 邻域系统

图 5-6 表示以前景二值像素 P1 为中心的 8 邻域系统,P2～P9 代表与 P1 相邻的 8 个像素点。

细化步骤如下:

(1) 循环所有前景像素点,对符合如下条件的像素点标记为删除。

① $2 \leqslant N(P1) \leqslant 6$;

② S(P1)＝1；

③ P2×P4×P6＝0；

④ P4×P6×P8＝0。

（2）再次循环所有前景像素点，对符合如下条件的像素点标记为删除。

① 2≤N(P1)≤6；

② S(P1)＝1；

③ P2×P4×P8＝0；

④ P2×P6×P8＝0。

其中：

N(P1)表示跟 P1 相邻的 8 个像素点中为前景像素点的个数。

S(P1)表示从 P2～P9～P2 像素中出现 0～1 的累计次数，其中 0 表示背景，1 表示前景。

以上两步操作构成一次迭代，直至没有点再满足标记条件，这时剩下的点组成的区域即为细化后骨架。算法效果如图 5-7 所示。

(a) 原图像　　　　　　　　　　　　　　　(b) 图像细化算法效果

图 5-7　并行 Zhang 图像细化算法处理效果

软件实现方法如下：

```
void thine(u8 * img_in)
{
u8 i = 0,j = 0,ap = 0,kk = 1;
u16 top = 0,mid = 0,low = 0,count = 0,c_count = 0,line_out[2];
u8 q2,q3,q4,q5,q6,q7,q8,q9;
while(kk)
{
    kk = 0;
    for(i = 1;i < 59;i++)
    {
        top = (i - 1) * cam_num;
        mid = (i) * cam_num;
        low = (i + 1) * cam_num;
```

```
                    for(j = 1; j < 79; j++)
                    {
                    if(p1 == 0){continue;}
                    if ((((q2 = p2) + (q3 = p3) + (q4 = p4) + (q5 = p5) + (q6 = p6) + (q7 = p7) +
(q8 = p8) + (q9 = p9)) >= 2) &&( (q2 + q3 + q4 + q5 + q6 + q7 + q8 + q9) <= 6))
                            { ap = 0;
                                if (q2 == 0 && q3 == 1) {ap++; }
                                if (q3 == 0 && q4 == 1) {ap++; }
                                if (q4 == 0 && q5 == 1) {ap++; }
                                if (q5 == 0 && q6 == 1) {ap++; }
                                if (q6 == 0 && q7 == 1) {ap++; }
                                if (q7 == 0 && q8 == 1) {ap++; }
                                if (q8 == 0 && q9 == 1) {ap++; }
                                if (q9 == 0 && q2 == 1) {ap++; }
                                if ((ap == 1 )&&( (q2 * q4 * q6) == 0) && ((q4 * q6 * q8) == 0))
{
// (1) 找到需要删除的点的位置将其加入链表
                            count++;
                            kk = 1;
                            c_count = mid + j;
                            insertHeadList(&pthine,&c_count,0);
                                                }
                        }
                    }
                }
for(;count > 0;count -- )
{
// (2) 销毁链表将图像数据中对应的位置值置 0
    pop_del(&pthine, 1, line_out);
    img_in[line_out[0]] = 0;
        }


for(i = 1; i < 59; i++)
{
    top = (i - 1) * cam_num; mid = (i) * cam_num; low = (i + 1) * cam_num;
        for(j = 1; j < 79; j++)
        {
        if(p1 == 0){continue;}
        if ((((q2 = p2) + (q3 = p3) + (q4 = p4) + (q5 = p5) + (q6 = p6) + (q7 = p7) + (q8 =
p8) + (q9 = p9)) >= 2) &&( (q2 + q3 + q4 + q5 + q6 + q7 + q8 + q9) <= 6))
                { ap = 0;
                    if (q2 == 0 && q3 == 1) {ap++; }
                    if (q3 == 0 && q4 == 1) {ap++; }
                    if (q4 == 0 && q5 == 1) {ap++; }
                    if (q5 == 0 && q6 == 1) {ap++; }
                    if (q6 == 0 && q7 == 1) {ap++; }
                    if (q7 == 0 && q8 == 1) {ap++; }
```

```
                if (q8 == 0 && q9 == 1) {ap++; }
                if (q9 == 0 && q2 == 1) {ap++; }
        if ((ap == 1 )&&( (q2 * q4 * q8) == 0) && ((q2 * q6 * q8) == 0))
                        {
                        count++;
                        kk = 1;
                        c_count = mid + j;
                        insertHeadList(&pthine,&c_count,0);
                                        }
                }
        }
    }
        for(;count > 0;count -- )
        {
                pop_del(&pthine, 1, line_out);
                img_in[line_out[0]] = 0;
        }
    }
    clearList(&pthine);
}
```

5.2.5　概率累加霍夫变换算法

直线检测技术是要将直线在图像中的直线方程拟合出来。目前常用的算法有最小二乘法和霍夫变换,霍夫变换运用最小二乘法进行拟合,其优点就是它的速度非常快,只需遍历一次就可以计算出拟合曲线,但是它对噪声非常敏感,而且在对离散的点进行拟合时,首先必须知道那些点的情况,然后判断是采用直线,还是二次曲线或者更高次的曲线。

霍夫(Hough)直线变换是由 PVC Hough 提出的,后来 Duda 和 Hart 认为直线可以用 θ 和 ρ 参数来表示,直线的极坐标表示如图 5-8 所示,其中,ρ 表示远点到直线的垂直距离,θ 表示直线的垂线到 X 轴的夹角。

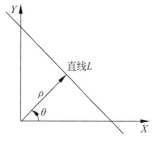

图 5-8　直线的极坐标表示

该直线的参数方程为:

$$\rho = x\cos\theta + y\sin\theta \tag{5-6}$$

这种用极坐标形式表示直线方程的优点是避免了直线点斜式表示时当斜率为 $90°$ 时,$\tan\theta$ 不存在的问题。该算法的核心是如果简单地把 ρ 和 θ 看成一个二维平面,那么对于每一个方格单元 (ρ, θ) 都有对应的 $ACC(\rho, \theta)$ 值,它事实上是某方向点的数量。如果没有噪音的干扰,则可以用 $ACC(\rho, \theta)$ 来表示该方向上直线点的多少,进而判断直线是否可靠。这样就可以较容易地确定点的共线情况。

为了解决霍夫变换耗时的问题,提出了概率累加霍夫变换(PPHT),概率累加霍夫变换的直线拟合方法还是利用了霍夫变换,其特点是选择拟合点时采用了随机抽取的方式,并加入了计数器,当某一条直线被拟合出的次数达到一定 ACC(ρ,θ)值时,便取出这条直线。完成一条直线的拟合。具体流程如下:

(1) 类似霍夫变换,分割参数空间,为每个区间设计累加器 ACC(ρ,θ),其初始值为零;

(2) 检测集合 S 是否为空,如为空,则算法结束;否则随机从待处理边缘点集中取一像素点,并将此点从 S 中删除,对该像素点进行霍夫变换,在各个 ρ 值下计算相应的 θ 值,对应的累加器 ACC(ρ,θ)加 1;

(3) 判断更新后的累加器值是否大于阈值 Thr,否则返回步骤(2);

(4) 由上一步得到的值大于 Thr 的累加器对应的参数确定一条直线,删除集合 S 中位于该直线上的点,此累加器清零;

(5) 返回步骤(2)

该算法最终可以计算出直线在图像中的起始坐标和终止坐标。起始坐标与终止坐标对应的是直线在图像中的起始点与终止点,通过这两个点可以得到直线相对于 X,Y 轴的截距,并通过进一步计算得到直线与水平方位的夹角,即直线的斜率。斜率数据可以对四旋翼飞行器的偏航轴进行控制;起始点和终止点数据可以使用 PID 算法对四旋翼飞行器进行平面位置控制。

软件实现方法如下:

```
void hough(u8 * img_in,u8 * line_end)
{
    u8 xflag = 0,k = 0,gap = 0,line_num = 0;
    u16 img_num = 0,count = 0,idx = 0,point[2],i = 0,j = 0;
    u8 max_val = threshold − 1,max_n = 0,goodline = 0;
    u8 line[2][2] = {0};
    s32 dx = 0,dy = 0,dx0 = 0,dy0 = 0,x = 0,y = 0,x1 = 0,y1 = 0;
    u32 x0,y0;
    float sina = 0,cosb = 0;
    memset(&att[0][0], 0, sizeof(att));
// (1) 将前景数据加入链表
for(i = 1;i < height;i++)//0.7ms
{
img_num = i * widthnum;
if(img_num > = 4800){return;}
for(j = 1;j < width;j++)
    {
        if(img_in[img_num + j])
        {
            count++;
            /******** 0 是 x , 1 是 y ******/
            insertHeadList(&phou,&j,&i);
        }
    }
}
```

```
// (2) 将直线中的每一点极坐标化
for(;count > 0;count -- )
{
    memset(&line[0][0], 0, sizeof(line));                        //0.1ms
    idx = rand() % count;
    pop_del(&phou, idx, point);
    if(img_in[point[1] * widthnum + point[0]] == 0) {continue;}
    att_add(point,&max_val,&max_n);
    if( max_val < threshold ) { continue;}
    sina = - sintab[max_n];
    cosb = costab[max_n];
    if( fabs(sina) > fabs(cosb) )
        {
            xflag = 1;
            if(sina > 0) {dx0 = 1;}
            else {dx0 = - 1;}
            dy0 = round(cosb * (1 << 16)/fabs(sina));
            x0 = point[0];
            y0 = (point[1] << 16) + (1 << (16 - 1));
        }
        else
        {
            xflag = 0;
            if(cosb > 0) {dy0 = 1;}
            else     {dy0 = - 1;}
            dx0 = round(sina * (1 << 16)/fabs(cosb));
            y0 = point[1];
            x0 = (point[0] << 16) + (1 << (16 - 1));
        }   //0.1ms
// (3) 随机找到直线中的一点顺着极角的角度前后遍历整条直线
for(k = 0;k < 2;k++)                                              //0.5ms
{
    gap = 0;
    x1 = x0;
    y1 = y0;
    dx = dx0;
    dy = dy0;
    if(k)
    { dx = - dx; dy = - dy;}
    for(;; x1 += dx, y1 += dy)
    {
    if( xflag )
    {
        x = x1;
        y = y1 >> 16;
    }
    else
```

```
        {
            x = x1 >> 16;
            y = y1;
        }
if( (x <= 1) || (x >= width) || (y <= 1) ||( y >= height ))   {break;}
if( img_in[ y * widthnum + x])
{
    gap = 0;
    line[k][0] = x;
    line[k][1] = y;
                }
else if(xflag == 0)
{
if( img_in[ y * widthnum + x + 1])
{   gap = 0;
    line[k][0] = x + 1;
    line[k][1] = y;
    # ifdef usehalf
    img_in[ y * widthnum + x + 1] = 0;
    # endif
}
    else if( img_in[ y * widthnum + x - 1])
    {   gap = 0;
        line[k][0] = x - 1;
        line[k][1] = y;
        # ifdef usehalf
        img_in[ y * widthnum + x - 1] = 0;
        # endif
            }
}
        else if(xflag)                              //左右点
            {
        if( img_in[ (y + 1) * widthnum + x])
        {
        gap = 0;
        line[k][0] = x;
        line[k][1] = y + 1;
        # ifdef usehalf
        img_in[ (y + 1) * widthnum + x] = 0;
        # endif
        }
        else if( img_in[ (y - 1) * widthnum + x])
        {
        gap = 0;
        line[k][0] = x;
        line[k][1] = y - 1;
        # ifdef usehalf
```

```
                img_in[(y - 1) * widthnum + x] = 0;
                #endif
                    }
                  }
            if (gap++ > lineGap)
        { break; }
        }
}
        #ifdef short_line
// (4) 直线长度不够要求的舍去，横线要 3 < x < 20 竖线要 x < 10
goodline = ( ( (abs(line[0][0] - line[1][0]) >= short_Length)&&(long_Length > abs(line[0][0] -
line[1][0])) )&&( (10 > abs(line[1][1] - line[0][1])) ));
        #else
        goodline = ((abs(line[0][0] - line[1][0]) >= lineLength) ||(abs(line[1][1] -
line[0][1]) >= lineLength)); //0.5ms
        #endif
// (5) 将已成功找到的直线从链表中删除
for(k = 0;k < 2;k++)                                      //最小 0.5ms,最大 4ms
        {
            gap = 0;
            x1 = x0;
            y1 = y0;
            dx = dx0;
            dy = dy0;
            if(k)
            {
                dx = - dx;
                dy = - dy; }
            for(; ; x1 += dx, y1 += dy)
                {
                if( xflag )
            {
            x = x1;
            y = y1 >> 16;
        }
        else
        {
            x = x1 >> 16;
            y = y1;
        }
    if( (x <= 1) || (x >= width) || (y <= 1) || (y >= height) ){break; }
    if(img_in[y * widthnum + x])
                {
                if(goodline)                             //0.1ms
                {att_reduce(x,y); }
                img_in[y * widthnum + x] = 0;
                }
```

```
                    # ifndef usehalf
        else if(xflag)                                          //左右点
            {
                if( img_in[ ( y + 1 ) * widthnum + x ])
                {
                    if(goodline)
                    {att_reduce(x, y + 1);}
                    img_in[ ( y + 1 ) * widthnum + x] = 0;
                }
                else if( img_in[( y - 1 ) * widthnum + x])
                {
                        if(goodline)
                        {att_reduce(x, y - 1);}
                        img_in[( y - 1 ) * widthnum + x] = 0;
                }
            }
        else if(xflag == 0)
            {
                if( img_in[y * widthnum + x + 1])
                {
                    if(goodline)
                    {att_reduce(x + 1, y);}
                    img_in[y * widthnum + x + 1] = 0;
                }
                else if( img_in[y * widthnum + x - 1])
                {
                if(goodline)
                        {att_reduce(x - 1, y);}
                        img_in[y * widthnum + x - 1] = 0;
                }
            }
# endif
        if( (y == line[k][1])&& (x == line[k][0]) )
        {break;}

        }
    }
    if(goodline)
        {
            if(line_num > = linemax){clearList(&phou); return;}
            if(line[0][1]< = line[1][1])
            {
            line_end[ line_num * 4 ] = line[0][0];
            line_end[ line_num * 4 + 1] = line[0][1];
            line_end[ line_num * 4 + 2] = line[1][0];
            line_end[ line_num * 4 + 3] = line[1][1];
            line_end[ 29 ] = ++line_num;
```

```
            }
            else
            {
            line_end[ line_num * 4 ] = line[1][0];
            line_end[ line_num * 4 + 1 ] = line[1][1];
            line_end[ line_num * 4 + 2 ] = line[0][0];
            line_end[ line_num * 4 + 3 ] = line[0][1];
            line_end[ 29 ] = ++line_num;
            }
                }
    }
    clearList(&phou);

    }
```

5.3 实验结果及分析

本次实验使用 STM32F407 单片机搭载 μC/OS-Ⅲ 操作系统,使用 MT9V034 摄像头和 MS5611 气压计的四旋翼飞行器,在 2m×5m 的白纸上粘有黑色直线与黑色直角弯的地面上进行实验。

图 5-9 为摄像头读取的原始灰度图像,图 5-10 为经过自适应中值滤波后的灰度图像。可以明显地看出原始图像数据的背景有很多污点,这些污点可以看作椒盐噪声,而经过自适应中值滤波处理后的图像,这些噪声大部分被去除,前景与背景可以轻易地区分出来。

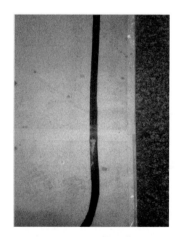

图 5-9 原始图像

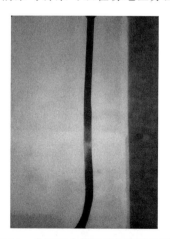

图 5-10 自适应中值滤波处理后的图像

图 5-11 为自适应中值滤波后的图像,数据经过 Sobel 算子在 X 轴与 Y 轴卷积之后的效果,对于灰度图像来说其边缘(数值明显变化处)变为白色前景,而原图中灰度数值变化不明显的区域则变为黑色背景。但此时的图像还是灰度图像,需要使用 OTSU 算法将其二值化

(见图 5-12)，二值化的图像已经可以清楚地观测到我们需要检测的直线(共 3 条直线,中间两条为目标直线,右侧一条为无关直线),但此时每条直线的宽度大于 1 个像素,所以要使用并行 Zhang 图像细化算法处理,见图 5-13。

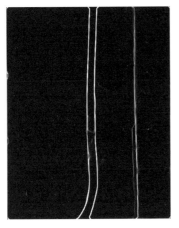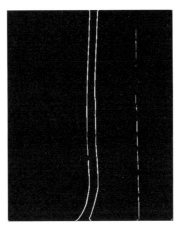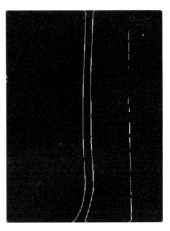

图 5-11　Sobel 算子处理后图像　　图 5-12　OTSU 二值化处理后图像　　图 5-13　并行 Zhang 图像细化算法处理后图像

经过细化处理后的图像数据会经由概率累加霍夫变换处理以获取直线信息。可以看出,图 5-13 中共有三条直线,左侧两条距离较近可以通过后期软件处理进行合并,右侧的一条直线是无关数据,可通过在概率累加霍夫变换算法中添加直线有效长度去除。最终获取的控制信息,由 PID 算法对四旋翼飞行器的 X 轴、Y 轴及偏航轴进行控制。

图 5-14 是四旋翼飞行器通过算法确定 X 轴方向的位置信息而在 X 轴方向上固定顺着 Y 轴方向飞行。

图 5-15 是四旋翼飞行器通过算法确定 X 轴与 Y 轴两个方向的位置信息从而在一个固定的点飞行。

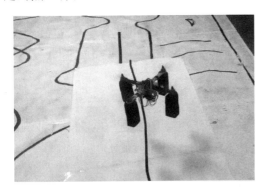

图 5-14　X 轴方向的位置信息　　　　　图 5-15　X 轴与 Y 轴两个方向的位置信息

实验证明添加摄像头后的四旋翼飞行器通过图像算法与控制算法可以实现在平面空间对四旋翼飞行器进行精确的空间位置控制,增强了四旋翼飞行器的控制能力与灵活性。但还存在一些不足,由于STM32F407的处理速度,每帧图像的大小不能太大,否则会延长图像算法的运行时间,从而延长每次对四旋翼飞行器位置的控制间隔,影响控制效果。

调试、问题解析及改进方向随想

1．硬件方面

笔者认为市面上好盈公司的电调产品性价比要优于其他品牌，而电调中带 BEC 的产品稳定性要略差于不带 BEC 电调的。对于电池，要根据电机参数及载重能力合理选择电池的 S 数以及毫安数。

电机一定要选择有口碑的大厂电机，型号选择要考虑所适用的桨叶大小以及机架尺寸，不可使桨叶大于机架。这里介绍四轴的机架，如 250、330、450 这些数字是指一般情况下机架的轴间距，如果是特殊形状的机架还要特别考虑。

越大的桨叶其转速要更低，同时转动时的扭力则要比小桨叶更大，一定要注意安全。由于桨叶属于消耗品，所以数量要留有余地。

2．软件方面

本书用到的数据是靠 MPU9250 模块中的 DMP 功能解算出的，其受制于速度，限制数据更新。数据更新最快只能到 200Hz，如果使用 MPU9250 输出的角速度、加速度通过如 AHRS 算法进行姿态解算，数据更新能到 400Hz。

3．调试方面

（1）检查硬件电路连线是否正确连接，是否有短路、断路现象。

（2）检查电池电量是否充足，电机线圈里是否有异物。

（3）通电观察各模块指示灯是否正常亮起，如有异常应当逐个排查。

（4）去掉桨叶，通电进行调试，观察电机是否正常转动，电机转动方向是否正确，遥控器遥控是否正常。

（5）加上桨叶，在开阔地区进行调试，如遇异常应当立即将油门归零，将四轴电源关闭并重新进行检查。

4．存在的问题

（1）四旋翼飞行器的陀螺仪模块极易受到干扰，所以尽量在空旷无干扰的环境中飞行，否则会因为数据异常发生问题。

（2）四旋翼飞行器各个模块存在兼容性问题，在运行的过程中会突然停止工作。

STM32F4 最小系统电路图

STM32F4 最小系统电路图如图 B-1～图 B-17 所示。

```
                    U1A
    PA0     23                                                          81    PD0
    PA1     24   PA0/WKUP/ADC123_IN0/T2C1ETR/T5C1/T8ETR    PD0/CAN_Rx/FSMC_D2   82    PD1
    PA2     25   PA1/ADC123_IN1/T5C2/T2C2                  PD1/CAN_Tx/FSMC_D3   83    PD2
    PA3     26   PA2/ADC123_IN2/USART2_Tx/T5C3/T2C3     PD2/UART5_Rx/T3ETR/SDIO_CMD   84    PD3
    PA4     29   PA3/ADC123_IN3/USART2_Rx/T5C4/T2C4        PD3/FSMC_CLK       85    PD4
    PA5     30   PA4/ADC123_IN4/DAC_OUT1/SPI1_NSS          PD4/FSMC_NOE       86    PD5
    PA6     31   PA5/ADC123_IN5/DAC_OUT2/SPI1_SCK          PD5/USART2_Tx/FSMC_NWE   87    PD6
    PA7     32   PA6/ADC123_IN6/SPI1_MISO/T8T1BKIN/T3C1    PD6/USART2_Rx/FSMC_NWAIT   88    PD7
    PA8     67   PA7/ADC123_IN7/SPI1_MOSI/T8C1N/T3C2/T1C1N   PD7/FSMC_NE1/FSMC_NCE2   55    PD8
U1-TX PA9     68   PA8/T1C1/MCO                              PD8/USART3_Tx/FSMC_D13   56    PD9
U1-RX PA10    69   PA9/T1C2/USART1_Tx                        PD9/USART3_Rx/FSMC_D14   57    PD10
    PA11    70   PA10/T1C3/USART1_Rx                       PD10/FSMC_D15      58    PD11
    PA12    71   PA11/CAN_Rx/T1C4/USBDM                    PD11/FSMC_A16      59    PD12
JTDI  PA15    77   PA12/CAN_Tx/T1ETR/USBDP                   PD12/T4C1/FSMC_A17   60    PD13
              PA15/JTDI/I2S3_WS/JTDI/T2C1ETR/SPI3_NSS        PD13/T4C2/FSMC_A18   61    PD14
    PB0     35                                           PD14/T4C3/FSMC_D0   62    PD15
    PB1     36   PB0/ADC123_IN8/T3C3/T8C2N/T1C2N         PD15/T4C4/FSMC_D1
BOOT1 PB2     37   PB1/ADC123_IN9/T3C4/T8C3N/T1C3N
JTDO  PB3     89   PB2/BOOT1                                 PC0/ADC123_IN10   15    PC0
JTRST PB4     90   PB3/JTDO/SPI3_SCK/I2S3_CK/T2C2/SPI1_SCK   PC1/ADC123_IN11   16    PC1
    PB5     91   PB4/NJTRST/SPI3_MISO/T3C1/SPI1_MISO       PC2/ADC123_IN12   17    PC2
    PB6     92   PB5/I2C1_SMBA/I2S3_SD/SPI3_MOSI/T3C2/SPI1_MOSI   PC3/ADC123_IN13   18    PC3
    PB7     93   PB6/I2C1_SCL/T4C1/USART1_Tx              PC4/ADC123_IN14   33    PC4
    PB8     95   PB7/I2C1_SDA/FSMC_NADV/USART1_Rx         PC5/ADC123_IN15   34    PC5
    PB9     96   PB8/SDIO_D4/I2C1_SCL/T4C3(7)/CAN_Rx   PC6/I2S2_MCK/T8C1/T3C1/SDIO_D6   63    PC6
    PB10    47   PB9/SDIO_D5/I2C1_SDA/T4C4/CAN_Tx      PC7/I2S3_MCK/T8C2/T3C2/SDIO_D7   64    PC7
    PB11    48   PB10/USART3_Tx/I2C2_SCL/T2C3             PC8/T8C3/T3C3/SDIO_D0   65    PC8
    PB12    51   PB11/USART3_Rx/I2C2_SDA/T2C4            PC9/T8C4/T3C4/SDIO_D1   66    PC9
    PB13    52   PB12/I2S2_WS/T1BKIN/SPI2_NSS/I2C2_SMBA   PC10/UART4_Tx/SDIO_D2   78    PC10
    PB14    53   PB13/I2S2_CK/T1CH1N/SPI2_SCK             PC11/UART4_Rx/SDIO_D3   79    PC11
    PB15    54   PB14/T1CH2N/SPI2_MISO                    PC12/UART5_Tx/SDIO_CK   80    PC12
              PB15/I2S2_SD/T1CH3N/SPI2_MOSI             PC13-TAMPER-RTC   7    PC13
    PE0     97                                                          39    PE8
    PE1     98   PE0/T4_ETR/FSMC_NBL0                     PE8/FSMC_D5/T1CH1N   40    PE9
    PE2     1    PE1/FSMC_NBL1                             PE9/FSMC_D6/T1C1   41    PE10
    PE3     2    PE2/TRACECK/RSMC_A23                    PE10/FSMC_D7/T1CH2N   42    PE11
    PE4     3    PE3/TRACED0/FSMC_A19                     PE11/FSMC_D8/T1C2   43    PE12
    PE5     4    PE4/TRACED1/FSMC_A20                    PE12/FSMC_D9/T1CH3N   44    PE13
    PE6     5    PE5/TRACED2/FSMC_A21                    PE13/FSMC_D10/T1C3   45    PE14
    PE7     38   PE6/TRACED3/FSMC_A22                    PE14/FSMC_D11/T1C4   46    PE15
              PE7/FSMC_D4/T1ETR                          PE15/FSMC_D12/T1BKIN
    STM32F407V
```

图 B-1 核心板芯片及主要接口

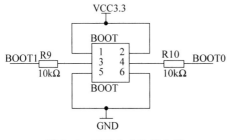

图 B-2 下载方式选择电路

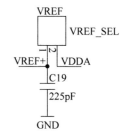

图 B-3 参考电压引脚电路

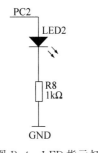

图 B-4 LED指示灯

图 B-5 电源指示灯

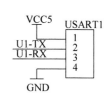

图 B-6 串口电路

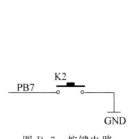

图 B-7 按键电路

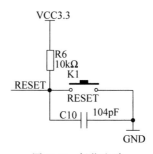

图 B-8 复位电路

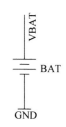

图 B-9 电池

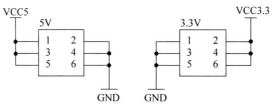

图 B-10 扩展电源接口

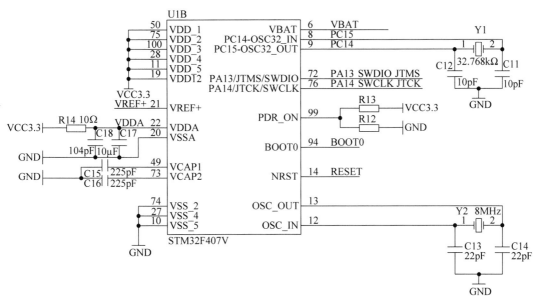

图 B-11　STM32F407V 电源和晶振接口

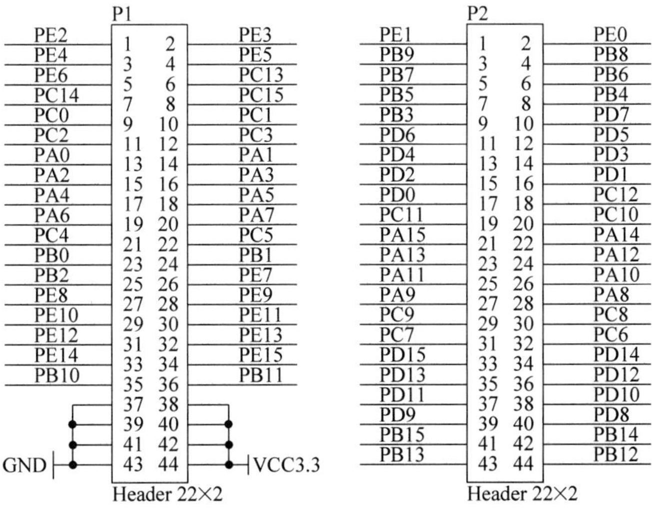

图 B-12　预留 I/O 口

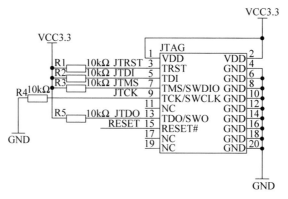

图 B-13 JTAG 接口

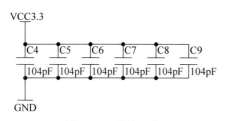

图 B-14 USB 接口

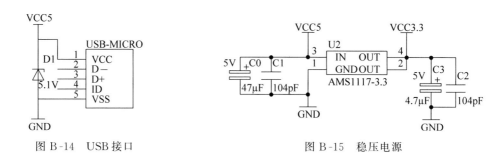

图 B-15 稳压电源

图 B-16 滤波电容

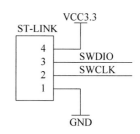

图 B-17 ST-LINK 接口电路

遥控器电路

遥控器电路如图 C-1～图 C-9 所示。

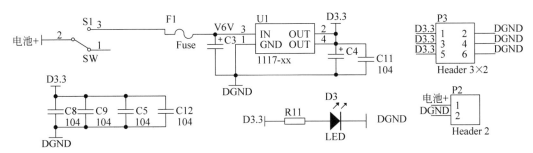

图 C-1　稳压电路、预留电源接口、滤波电路、电源指示灯和电池接口

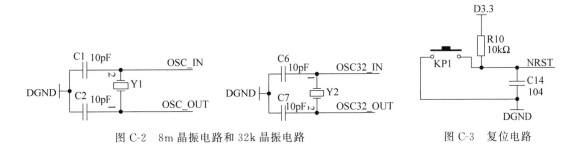

图 C-2　8m 晶振电路和32k 晶振电路　　　　　　　图 C-3　复位电路

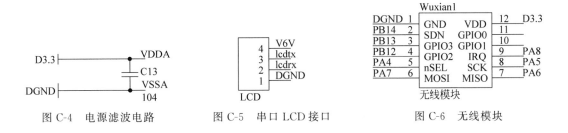

图 C-4　电源滤波电路　　　　图 C-5　串口 LCD 接口　　　　图 C-6　无线模块

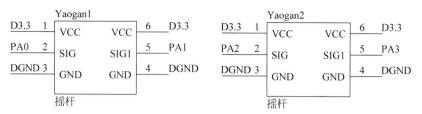

图 C-7　手动摇杆

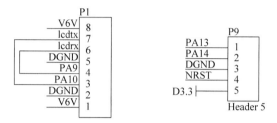

图 C-8　接线柱(液晶、串口)

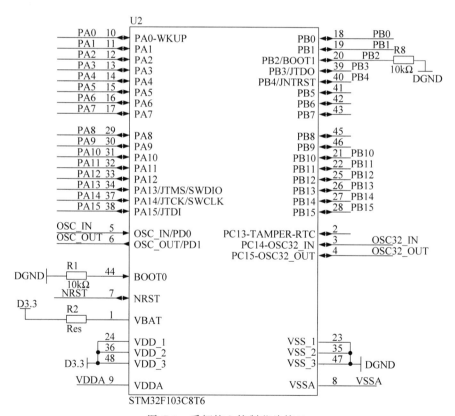

图 C-9　手柄核心控制芯片接口

附录 D

飞控板连接电路

飞控板连接电路如图 D-1～图 D-4 所示。

GND	GND	VCC	3.3V
PA2	SDN	GPIO0	NC
PA1	GPIO3	GPIO1	NC
PA0	GPIO2	IRQ	PA3
PA4	NSEL	SCK	PA5
PA7	MOSI	MISO	PA6

SI4463

图 D-1　无线模块接口电路

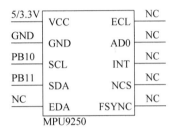

图 D-2　MPU9250 接口电路

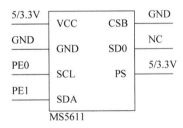

图 D-3　气压计接口电路

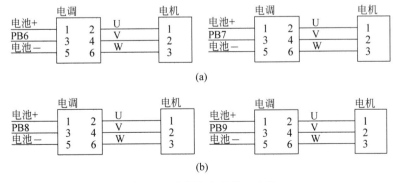

(a)

(b)

图 D-4　电调和电机接口电路

参 考 文 献

[1] 许云清.四旋翼飞行器飞行控制研究[D].厦门：厦门大学,2014.

[2] 程学功.四轴飞行器的设计与研究[D].杭州：杭州电子科技大学,2012.

[3] 段国强.四旋翼无人直升机仿真及控制方法比较研究[D].哈尔滨：哈尔滨工业大学,2012.

[4] 何瑜.轴飞行器控制系统设计及其姿态解算和控制算法研究[D].成都：电子科技大学,2015.

[5] 刘焕晔.小型四旋翼飞行器飞行控制系统研究与设计[D].上海：上海交通大学,2009.

[6] 陈孟元.基于四元数改进型互补滤波的 MEMS 姿态解算[J].电子测量与仪器学报,2015,29(9)：13-15.

[7] 向少林.基于互补滤波算法的四轴飞行控制系统设计[J].机电工程,2016(2)：27-29.

[8] 赖贵川.基于 MS5611_01BA01 的高精度气压和温度检测系统设计[J].四川理工学院学报,2012,25(5)：11-15.

[9] 万文典.高精度磁力计的数据采集模块设计[J].集成电路应用,2012,38(9)：23-27.

[10] 鲍凯.玩转四轴飞行器[M].北京：清华大学出版社,2015.

[11] 陈自力.无人机-嵌入式控制[M].北京：国防工业出版社,2014.